バカ上司の取扱説明書

STUPID

笨蛋主管使用手冊

擺平難搞主管，上班再也不委屈

MANAGER

古川裕倫—著　徐鴻銘—譯

前言

與其想著到時候再說，不如事先做好因應措施

人生有如白駒過隙，這是筆者在四十年職場生涯中的親身感受，如果心裡只是想著改天再說，等到那時就真的來不及了。人生遇到想做的事情時，別瞻前顧後，做就對了，唯有如此才能帶給自己真正的幸福。

只是大部分的人都必須為了生活而一輩子奔波忙碌，既然如此，何不在自己「想從事的工作」和「有價值的工作」之間找到樂趣呢？

話雖如此，社會上或公司裡有各種形形色色的人，就連主管也有不同類型，運氣不好的時候，甚至得在問題主管底下做事。若不幸遇到這種情況卻能靈活應對，對於維持心理健康會有很大的幫助。

基於這個原因，市面上有許多教大家應付問題主管的書籍，其數量超乎想像。然而**大部分書籍只有針對問題主管進行分類，教導讀者應付問題主管的書不僅少之又少，大部分也沒有針對不同情況提出立即因應的方法**，內容大多止於「針對這種類型主管的教戰守則」，不是明哲保身之道，就是趨吉避凶之法。

更可惜的是，我幾乎沒有看過哪一本書是針對中長期的目標進行深入探討。雖然我們最好要擁有聰明應付問題主管的技能，但光憑著一時的逃避，真的能讓未來的職場生涯持續一帆風順嗎？

打棒球時必須學會「閃避觸身球的方法」，但光是這樣就足夠了嗎？我認為應該從「如何從投出觸身球的投手手上打出安打」的角度來思考，倘若無法成為一名優秀的打者，未來就無法享受幸福的人生。

為了避免變成這種情況，我們必須做出一些改變。

比如改變自己的想法、成為受到眾人（包括問題主管）讚賞的人，我認為這些都是最快達成目標的方法。

唯有提升自身實力，獲得同事和客戶的信賴，才能改變問題主管對下屬的態度。即使這位主管不為下屬著想，也會因為在意其他人的眼光，而注意自己的言行舉止。

倘若只會不分青紅皂白地對能幹下屬發飆，做出不知所云的指示，主管自己也會漸漸站不住腳，**就結果來看，問題主管的偏差行為不但會跟著減少**，也不得不對下屬的表現甘拜下風。

另一方面，被問題主管遷怒的下屬，也會漸漸忽視問題主管的存在；只要提升自己的實力，獲得眾人的一致好評，有個問題主管不過是一件微不足道的小事。

本書會先從「閃避觸身球的方法」開始介紹，另外還會提供參考意見，給煩惱不知下屬如何看待自己的主管，我期望這本書能成為讓大家互相了解彼此的最佳參考書。

之後也會介紹「面對各種壞球都不怕，成為安打王」的方法，一旦能打出漂亮的安打，就能成為獨當一面、擺平各種主管和環境的專業人士。

若只因為主管太糟糕而離職，有可能會讓你後悔莫及……

以筆者自身為例，我在四十六歲時離開服務了二十三年的公司，之後又歷經一次轉職，對此我感到非常滿意，完全不後悔自己當初的決定。

然而，持續在同一家公司服務直到退休為止，這樣的員工也相當令人敬佩，可是人生只有一次，我認為轉職也未嘗不可。這邊再重申一次，人生要勇於去做自己想做的事。

根據調查，近年來有三成的社會新鮮人，在公司待不到三年就會選擇離職，主要原因不外乎下列幾點：

- 對那間公司的人際關係感到不滿
- 擔心自己的能力不足以勝任那間公司的工作

- 對那間公司的未來感到不安
- 那間公司不符合自己的職涯規劃

這裡刻意使用「那間公司」來表示，而不是「現在的公司」。我之所以這麼做，只是單純想把焦點轉移到「下間公司」，看看是否能因此消除這些不滿。對於離職者來說，他們是對「現在的公司」有所不滿，但從更冷靜客觀的角度來看，不僅是「現在的公司」，他們對「下間公司」或「下下間公司」也很可能會有不滿。

如果是為了累積經驗、讓自己更上一層樓，我認為轉職也無妨；但如果只是單純討厭工作環境，這樣的轉職還算是成功的嗎？

如果在轉職前能做好被交付的工作，提升技能、人生有所成長，轉職當然是不錯的選項。如果工作已經帶給你成就感和滿足感，也提升了自我實力，我認為這就是轉職的最佳時機。

不過如果離職的主要原因是前述的第一項，**也就是「對人際關係感到不滿」，就必須特別注意。進一步來說，這裡所謂的「人際關係」，其實只是「和主管處得不好」罷了。**

這是我和許多公司幹部、人事部討論後所得到的結論。我們幾乎不曾聽過有人因為和下屬或同事相處不好而選擇辭職，在職場上所謂的人際關係，其實就是和「主管」之間的關係。

「主管太糟糕所以選擇辭職」，從職涯的角度來看，這麼做未免太過可惜。

我的理由非常簡單，因為無論在哪間公司、處於何種工作環境，問題主管無所不在。就算換了公司或部門，也無法保證能夠擺脫問題主管，若運氣不好，甚至可能遇到更糟糕的主管。

詳細內容留待正文說明，屆時再告訴各位應付問題主管的方法。

我大學畢業後，進入一家名為三井物產的公司服務長達二十三年，一路從底層員工爬到中層管理職，之後進入娛樂界的堀製作公司服務，現在則是獨立創業，擔任企業的獨立董事。

我擔任過許多職位，因此能站在不同立場，觀察主管和下屬之間的關係和感受，本書堪稱是我窮盡畢生社會經驗的集大成之作。

只要學會本書所介紹面對問題主管的對策，就不會以離職或異動這類讓人遺憾的結果作收。假使能讓各位讀者擁有一段充滿樂趣和挑戰的職場生涯，就是對筆者最大的鼓勵了。

古川裕倫

目錄

二章

問題主管的癥結點和因應對策

~總之先設法突破目前的困境~

三章

對下屬有幫助的心得

～光靠逃避、臨機應變不會進步，最重要的是獲得隨時隨地都能暢行無阻的能力～

四章

建立信賴感，保護自己不受攻擊

～不想受到攻擊，成為「被信賴的人」就是最佳解方～

五章 空手應戰的人是傻子，充分做好準備方為上策

～無論如何都要正面迎戰時，該怎麼做？～

六章 享受上班的方法

~我們本來就是為了自己而工作~

第一章

問題主管無所不在

~知己知彼，百戰不殆。問題主管的三大類型~

問題主管分為三種類型，根據類型改變因應方式

職場上不可能有十全十美的主管，無論身處何種工作環境，每個人或多或少都有對主管的抱怨或不滿。無論何時，任何一間公司都有各式各樣的煩惱，即便對於主管的問題「束手無策」，也不能就這樣完全放棄，因為就算選擇放棄，自己的工作效率也不可能提升。

本書將主管分為下列三種類型：

- 「討厭型主管」——擺架子、阿諛奉承，主要問題在於「個性」。
- 「無能型主管」——優柔寡斷、忘東忘西，問題出在業務執行「能力」。
- 「笨蛋型主管」——不能勇於負責，問題出在工作「態度」。

我將上面這三種類型的主管，合稱為「問題主管」。本書的書名雖然是《笨蛋主管

使用手冊：擺平難搞主管，上班再也不委屈》，內容卻是針對「討厭型」「無能型」「笨蛋型」等所有類型主管進行解說，請各位讀者拭目以待。因為「笨蛋主管」在問題主管中是最難搞的類型，所以本書便以此作為標題。

總而言之，只要下一番工夫，稍微學會忍耐，就能擺平「討厭型主管」和「無能型主管」的問題。

反觀「笨蛋主管」，多半無法靠努力或放任不管的方式來徹底解決，有時甚至需要與之對抗，本書會在後半段（從第一五五頁的第五章開始）向各位介紹對抗的方法。

【問題主管之一】個性有問題的「討厭型主管」

下面讓我們詳細觀察這三種類型的主管吧。

首先從「討厭型主管」開始說起。有些主管雖然能力不錯，個性卻不討人喜歡。比方說強迫下屬下班後和他出去喝一杯，然後整晚不停說教，或者滿口冷笑話，只有自己覺得好笑。其中又以唱卡拉ＯＫ時緊抓麥克風不放的主管，最令人無法忍受，有些甚至會命令不想唱歌的下屬：「給我唱」，之後又大肆批評其歌喉。

額頭油亮亮不說，頭髮和肩膀還滿布頭皮屑，皺巴巴的襯衫搭配髒兮兮的衣領。這種毫不注重整潔的主管，理所當然地讓所有人都感到噁心，避之唯恐不及。

這類型主管，問題不在於工作能力，而是和他相處時會令人感到渾身不舒服。

其他還有個性陰沉、擺架子、容易暴怒、歇斯底里、目中無人、自以為是、恣意妄為的主管……等等，這些都歸類為「討厭型主管」，他們的主要問題是出在個性方面。**就旁人看來，討厭型主管的問題，在於讓人感到不舒服**，所以自然而然沒人想要跟隨討厭型主管，他們的人望也不高。

不過，「討厭型主管並非沒有能力」。

這種主管確實有討人厭的地方，但也可能是公司裡最能幹的人，我們或許還能從他身上學到工作方法。

為了提升工作能力，**即便不是我們喜歡的主管類型，也要想辦法克服這些問題。**

【問題主管之二】
能力有問題的「無能型主管」

所謂「無能型主管」，簡單來說就是工作能力有問題的主管。他們不僅做不出成果，也無法完成工作目標。

這類型主管因為工作能力不行，所以在公司內不受眾人信賴。具體來說就是理解和解釋能力不好，只會替自己找藉口，或是搞不清楚自己的立場、搖擺不定、無法做主，一般我們會說這類型的人「腦筋不好」，正確說來其實是工作執行能力不高。

可惜的是，在日本有不少這類型的主管。這些人往往是年功序列制度的受惠者，只不過是靠年資才爬上超出本身能力的位子。

當然即使是**「無能型主管」，有些人的個性卻非常善良。**雖然下屬和同事認為這個人「工作能力完全不行」，但又覺得他是個「好人」或「溫柔的人」。無能型主管的問題並非是難相處，而是本身工作能力不高。

不能理解下屬提出好的點子、不採取行動，更遑論說服他的頂頭上司。主管原本應該是在工作上提供協助的人，但碰到這種主管，卻很令人煩躁。

不過，**我們可以換個角度來思考，將幫助工作執行能力不高的主管也視為下屬的工作。**因為能藉這個機會接觸到主管該做的業務，迅速提升工作技能，只要這麼想，行動就能稍微積極些。

【問題主管之三】
態度有問題的「笨蛋型主管」

「笨蛋型主管」的問題不在個性或能力，而是工作態度本身就有問題。

「無能型主管」沒有察覺本身缺點或弱點，因此還情有可原，但**「笨蛋型主管」卻是知道缺點卻不去改善。**

對公司而言，這種行為無異於是一種背叛。因為不僅會造成經營上的阻礙，也會使職場環境惡化。

舉例來說，有些主管為了圖利自己而行事，抑或是因此不做對公司有益的事，有些人則是聽不進其他人的建議；還有故意不向下屬說明，或是害怕自己的地位被動搖而藏私留一手的主管；另外就是權力一把抓、不負責任、總是對上面阿諛奉承的主管等等，這些都符合本書所說的「笨蛋型主管」。

如前所述，個性或能力並不是造成笨蛋型主管的原因，問題出在他的工作態度。

下面來做個整理。

「討厭型主管」是個性或行為不受人歡迎的主管。

「無能型主管」是業務執行能力不高的主管，雖然知道要重視下屬的意見，但理解能力不足。

「笨蛋型主管」則是**自以為是、把下屬的意見當空氣。**

無論是討厭型或無能型主管，都還有挽救的餘地，如果事情對於公司來說非常重要，即使個性不合，或者需要解釋很多次，下屬仍會敦促和協助這類主管。反觀工作態度有問題的笨蛋型主管，下屬可能就不願意淌這灘渾水，直到事態變嚴重，才選擇和該主管正面交鋒，或直接越級報告。

從結果來看，討厭型和無能型主管可以用耐心等待的方式來應對，但面對笨蛋型主管時，有時卻必須來場硬仗。

至於作戰方式，就留待後面的章節再來介紹。

第二章

問題主管的癥結點和因應對策

~總之先設法突破目前的困境~

不關心下屬的主管

有些主管對下屬漠不關心。不僅如此，就**連在工作上都不願意進行指導**，簡直把下屬當陌生人，有這樣的主管實在令人傷透腦筋。

管理下屬原本就是主管的工作，他的責任是指導下屬工作、觀察下屬的工作情況、管理下屬的工作時程，讓每位員工在他的安排下發揮最大效用。

正如本書中所提到的，世界上有各式各樣的問題主管，這種不聞不問的主管可說是最不妙的類型。

對能獨立作業的下屬來說，這類型主管問題不大，比起不停叨念，維持這種「風平浪靜的狀態」或許反而是一件好事，**但如果是需要時間成長的下屬，情況就不同了。除了必須針對他們不懂的地方進行指導，有時還需要協助他們做出判斷。**

人不工作的原因，不外乎遇到下列兩種情況：

⑴不了解工作方式。

⑵提不起勁工作。

指導下屬工作是解決第一種情況最好的方法，第二種情況只能靠提升下屬的工作熱情來解決。唯有提升工作動力，下屬才會努力工作。

可是不關心下屬就等同於放棄這兩種解決方式。

不在乎下屬的主管，腦中可能只有思考下面幾件事：

- 對管理工作和指導下屬不感興趣。
- 只想到自己。
- 覺得指導他人工作很麻煩。
- 不想把手上輕鬆的工作讓給下屬。
- 沒想過對部下的工作表現展露開心等情緒。

雖然拔擢這種不適任主管的公司本身也有責任，但有時也可能是因為找不到更合適的人選所造成的。

●對策

我們只能想辦法讓主管注意到自己。

首先應該讓主管知道我們很在乎他，除了工作內容，也可以了解主管這個人，無論任何事情，只要不讓對方感到困擾，都可以盡量和他溝通，也可以聊聊興趣或是私人話題，只要找到了共同話題，雙方就能產生共鳴。

舉例來說，如果有相同的運動嗜好，就互相加油打氣。又或者可以問他：「喜歡哪類型的書？」隨後試著閱讀主管在看的書，一起暢談書中內容。

凡是有人對自己表現出關注，任何人都會因此感到有興趣。無論男女，一旦知道有人喜歡自己，都會變得在意對方。

等到時機成熟，再**以誠懇的態度拜託主管指導工作**，讓他看見你認真學習的態度，以及想為部門做出貢獻的心意，真誠表現出自己想要提升工作技能的上進心。

讓主管感受到你「想從他身上學習」的熱情。在不讓主管感到厭煩的情況下，小心謹慎地詢問：

「您現在有空嗎？」

「可以打擾您二、三分鐘嗎？」

總管必須讓對方注意到自己，所以要主動讓對方動起來。

一般在這種情況下，這類主管不會叨念不休，或許反而會讓人感到輕鬆愉快。不過如果遇到自己始終無法獨立完成作業時，就要特別注意。倘若因鬆懈而一時大意，不但無法自我提升，對未來也會造成阻礙。

我們也可以藉機**向主管的頂頭上司透露：**

「（我的主管）最近好像很忙，一直無法抽出時間。」

以引起對方注意，如此就有機會讓他問起：

「〇〇最近怎麼了？他在工作上遇到什麼困難嗎？」

透過這種方式**讓不關心下屬的主管無所遁形。**

●給主管的建議

不能對下屬不聞不問，**身為一名主管，最基本的工作就是對下屬表示關心**，無論從事任何工作，人際關係都很重要，因為沒有任何人可以獨立完成所有工作。

當然主管也會遇到不願意敞開心房的下屬，遇到這種情況的時候，仍然要藉由興趣或私人話題來接近對方，並且由自己主動出擊。即便是細微瑣事，也試著找出雙方的共通點吧。

只要知道對方「喜歡什麼」「想做什麼」，再讓他知道自己也有相同的喜好即可。

人與人要一起工作時，相互了解是首要之務。要能發現對方的優點，增加能產生共鳴的部分。換言之，主管要懂得關心下屬。

聽不進他人意見的主管

下屬提供意見卻不受主管重視的情況時有所聞，這種主管堪稱是問題主管的典型代表，各位的心情我能夠感同身受！

主管不聽意見的狀況不外乎下列幾種類型，這裡先簡單介紹幾個場景中的要點。有關如何說服主管的方法，詳細內容會在第三章以後再來說明。

◯【狀況1】主管有時會用很忙等藉口來拒絕聽取意見

●對策

你想到一個很棒的點子，無論如何都想說服主管，然而再棒的想法，一旦無法讓主管接受，一切都沒有意義。

「關於那件事，我想到一個能帶給公司利潤的好點子，可以請您這週抽出一小時的時間聽我說明嗎？」

「您現在手上的工作什麼時候會告一段落呢？」

可以用這些方式來向主管**預約時間**。

可是當主管因為其他工作忙得不可開交，一直催促他反而會造成反效果。尤其是個性急躁的主管，可能會氣急敗壞的大罵：「你沒看見我正忙得要死嗎！」

◯【狀況2】主管本來就不願意聽缺乏經驗的下屬高談闊論

● 對策

告訴主管「之前曾和其他同事討論過」，讓他知道有人贊同你的看法，若以「我」為主詞來說明，可能會造成問題。

主管也許會這麼回應：

「我才不管你怎麼想。」

「你的經驗有我豐富嗎？我沒有聽你說明的必要。」

讓你碰一鼻子灰。

因此**這種情況要以公司或部門為主詞，而非「我」**。

例如用自信的語氣告訴主管：

「對公司而言，這麼做很重要。」

◯【狀況3】主管懶得向頂頭上司說明自己沒有辦法決定的事情

主管不想為了下屬的提案，向自己的頂頭上司交涉。由於不想增加麻煩、不想要和自己扯上關係，因此不願傾聽。

●對策

「這個想法對公司有很多好處，也能為本部門的事業計畫帶來正面影響。」

藉此**強調能帶來的好處**有哪些。

另外，也可以用**未來式**說明「未來會出現什麼結果」，讓主管了解說服他的頂頭上司能得到什麼好處。

●給主管的建議

下屬最大的煩惱就是主管「不聽意見」，這也是對上司感到不滿的典型問題。沒錯，無法做好本分的下屬，可能也提不出什麼像樣的點子。「該注意的事項差不多都已經告訴下屬了，可以別再一一問我嗎？」主管會有這種想法其實也不難理解。

我自己過去也曾聽過下屬如此說道：「當古川先生同意我們的看法，臉上就會露出微笑，若是反對，就會漸漸顯露出不耐煩的表情，所以大家看見反對的表情時，反而會因為緊張而無法清楚說明。」

仔細聆聽下屬意見是溝通的基本要件，這個行為對提升下屬的工作熱情相當重要。

「傾聽」是一種常見的技巧，也就是認真聆聽對方的說明。從說話者的角度來看，可以清楚看出對方是否真的用心在聽自己說話，或者是對自己的意見有所懷疑。聽眾必須表現出下列態度，讓說話者覺得你「正在仔細聆聽」。

◆眼神接觸：一般來說，仔細聆聽對方說話時，會看著對方的眼睛。也許未必是持續凝視，但一定會有某種眼神接觸，這是「我正在仔細聽你說話」的一種表現方式。

◆**點頭：**不停點頭表示贊同。和眼神接觸一樣，除了一對一的對話，也能用於一個人面對多位聽眾說話的場合。

◆**幫腔附和：**回答「原來如此」「說得沒錯」「確實如此」等，來附和說話的人。

◆**應聲附和：**聽眾重覆說話者提到的關鍵字，比如「您說簽約後嗎」「負責人是○○先生吧」等等。

◆**重點整理：**聽眾整理談話者所說的重點，例如「所以結論是本公司失策了」「也就是說，從一開始就搞錯了」等，藉由整理重點，讓對方知道自己很仔細地在聽他說話。如果發現主管弄不清楚優先順序或重點，也可以透過「照這個優先順序進行如何呢」「重點就是～」這類重點整理來加以確認。

◆**做筆記：**做筆記的動作可以帶給說話者一種安心感。順帶一提，也有人認為「被主管責罵時，只要拿出筆記本寫下來，挨罵的時間就會縮短」。有家公司的老闆以大聲叱責員工而出名，據說該公司的員工幾乎都會在挨罵時勤做筆記。

◆**提出問題：**聽眾提出好問題，就是自己正在認真傾聽的最佳證據。

朝令夕改的主管

若是遇到朝令夕改的主管，自己的工作順序就會被弄得亂七八糟，不僅會讓之前的努力化為泡影，工作效率也大打折扣，任誰都會為之氣結。

之所以會出現這種情況，除了主管的頭腦不清楚，或者無法決定優先順序，也可能只是單純忘了自己之前做出的指示。

●對策

要對付這類型主管，最好的辦法就是**主管每次做出指示時，在他的面前抄下筆記，一旦主管又做出不同指示，就拿出上次抄下來的筆記反問：**

「好的，上次您是這麼指示的，所以要改成優先處理剛才所說的內容嗎？」

你可以在緊要關頭提出：「我覺得優先處理這件事比較好，因為～」，藉以表達自

己的看法。

●給主管的建議

能幹的主管不會忘記自己對下屬的交待。過去讓我安心的優秀主管，都會這麼說：

「不用急著立刻處理，只要在下週末之前提出解決方案即可。」

如果下屬在期限內仍未提出方案，接下來就可以詢問：

「那件事情處理得如何？」

要成為一名好主管，一定不能忘記自己做出的指示。

如果覺得自己的記憶力不夠好，可以試著寫下自己對誰做出了哪些指示。人的記憶力到了一定年紀就會變差，所以我也會做筆記，將工作記錄下來。

相反地，也有些想要偷懶的下屬，心中總想著「（主管）最好忘記那件麻煩事」，刻意將問題丟到一旁。

可是身為主管，當然不能把事情丟給下屬就放著不管，維持一貫政策、不朝令夕改，可以說是管理工作的基礎。

理解能力不好的主管

雖然願意傾聽下屬說明，腦袋卻無法理解，堪稱是前面所提無能型主管的代表。即使費盡口舌說明仍無法理解，這樣的主管當然會造成下屬的困擾。

通常這種理解或說明能力欠佳的人，都會被說成是「腦袋不好」。我們在學生時代會以考試成績來判斷一個人聰明與否，而許多公司中所謂「腦袋不好」的人，多半是指其工作能力不佳，尤其是缺乏理解和說明能力的人。

其中又以缺乏理解能力最讓人吃不消。即便經過提案和討論，若主管仍然不能理解狀況，不僅會影響工作進度，下屬想必也會怒火中燒。

●對策

事實上，世界上不可能有人毫無理解能力，如果真有這種人，早在試用期就會被刷掉了。之所以不能理解別人的話，大部分是因為沒有仔細聆聽。腦中一直想著其他事情或是心不在焉，當然會把別人說的話當成耳邊風。

所以當我們要開始進行說明之前，最好注意下列幾個事項。

首先是**確認對方有沒有集中精神仔細聆聽**。透過眼神接觸、點頭贊同、幫腔附和等反應，就能看出對方是否有集中注意力。如果對方有做筆記、提出問題等，就表示他很認真在聽你說話。

假使你發現主管完全沒有在聆聽，說明他可能心不在焉（關於「傾聽」的詳細內容請參考第36～38頁）。

確定了對方正在認真聽你說話之後，就要**注意下面幾個事項**。

- 是否能夠針對重點簡要說明？
- 是否能夠簡單呈現重點？
- 結論和理由是否明確？是否加入自己的意見？
- 是否想好**說明的順序**？（按照時間軸順序說明，或者從結論開始回溯說明）

- 是否盡量避免抽象解釋，而是透過具體例子或數值來說明？
- **最後是否有簡單做個總結？**

確認上述內容之後，還要注意下列事項。

- **重要的事必須做成紙本文件或口頭說明，不要只用電子郵件溝通。**
- 如果對方提出的問題偏離主題，一定要將**話題拉回原本的主軸**。故意插話向對方提出：「讓我們言歸正傳」，避免話題無止境地擴散。

接下來就是記憶力的問題了。

如果主管忘記之前的內容，卻要求下屬繼續說明，千萬不能依令行事。下屬確認主管已經記住之前的說明後，就可以省略前面的介紹，將重點擺在解釋新的變化和狀況。因為結束了熱心說明之後，主管仍有可能搞不清楚狀況，這種情況實在令人難以忍受。

不過，**正因為我們面對的是缺乏理解能力的主管，更應該將其視為提昇自己說明能力、確認作業能力的最佳機會**，也就是將它視為一種訓練，因為我們無法得知今後還會遇到多少缺乏理解能力的主管。

首先，要養成下列準備工作的習慣。

如果是**全新的大型提案**，即便具備某種程度的理解能力，也不太可能一次就能完全了解，更別說是缺乏理解力的主管了，別天真地想著**一次就要讓他完全搞清楚，必須做好至少要說明三次的覺悟**。

不要突然提出全新的大型提案，以免主管沒有做好心理準備。將複雜的方案製作成厚厚一疊文件，無預警地跑到主管面前，如演講般長篇大論說明你想做的事，我想世上沒有幾個人會在這種情況下接受你的意見。

最好的方法是趁平常報告時，**多次提醒主管：「我現在正在思考這件事」**，為之後的說明預先舖路，也就是避免突然直球對決，事先採取不斷試探的方式方為上策。也可以找機會透露：「我和某某同事討論過，他也覺得這個點子不錯」，**讓主管知道有其他人理解你的想法**。

經過**多次試探之後，就可以試著進行提案**，找機會向主管提出：「下週可以給我一個機會，針對現在的思考方案做一小時的簡報嗎？」

做完簡報後，不要當場要求回覆，你可以這樣說：「麻煩您評估一下我剛才提出的內容，若有必要，下週可以再開一次會」，藉此**給主管一些思考時間**。

然而，**無論是哪種職業和職位，都需要一定的說明能力，這項能力也會如影隨形跟著你一輩子**。

基層職員必須向科長說明，科長必須向課長說明，課長必須向經理說明，經理必須向總經理說明，總經理必須向董事說明，董事必須向社長說明，社長必須向股東說明。職位愈高，在短時間內清楚說明重點的能力就愈重要。

不僅如此，也必須具備對外說明的能力。

不論是將來到了別的公司，還是自行創業，都**必須持續提升說明能力**。

若只有理解能力較高的聰明人能聽懂你的說明，就表示你的說明技巧仍有待提升；相反地，可以試著以理解能力較差的人當做說明能力的訓練。

別認為眼前的主管很難搞，你可以把這當成是提升自己能力的好機會。

• 給主管的建議

我會告訴下屬應該至少向主管說明三次，理由正如前面所述。另外，**主管應該努力在第一次說明時就弄清楚所有內容**。

只是下屬中也有不擅於表達的類型，有些人在解釋說明時太過天馬行空，讓人摸不著頭緒。一旦遇到這種情況，身為主管的人必須**提出質疑或吐槽，這樣除了能夠加強自己的理解，也能形成具體形象**。

此外在做筆記時，除了聽到的內容，附註日期也很重要。倘若忘記或是搞不清楚內容，一定會澆熄下屬的熱情，從而失去他的信賴。

容易發飆的主管

這世上不乏經常對下屬發飆的主管。這類型人性情陰晴不定，讓人不禁想問：「有必要那麼生氣嗎？」

・對策

首先是態度問題。**經常發飆的主管，心中不免有「後輩必須對前輩有禮貌，前輩要表現出威嚴」這種落伍的想法在作祟**。在他們心裡仍深刻留存「指導者是前輩，被指導者是後輩」這種老舊的輩份觀念。

這類主管在年輕時大多都是在前輩大罵「混帳東西！」的環境中成長，遇到這種情況時，後輩只能回以：「是的，我明白了！」並向前輩深深一鞠躬。從前的社會非常盛行現在所謂的「職場霸凌」。

傳統的前後輩觀念認為「我可是特別指導你，給我牢記在心」。而現代年輕人則認為「學習是下屬的工作，指導是主管的工作，語氣沒必要那麼差吧」。時代不同了，所以雙方的認知差距頗大。

此外，由於以前的人對於較年長的下屬，或是後來才入職的年長者抱有年齡差距的意識，因此突然暴怒的情況反而會降低不少。年紀較大的人，即便工作地位較低，仍會被視為人生的前輩。

大家不妨試著仔細觀察看看，這種容易發飆的主管，對於年長者會採取何種態度。他極有可能是混淆了「主管和下屬」與「前輩和後輩」的關係。由此看來，這種主管並不是因為脾氣暴躁才罵人，我們只要把他**當作是執著於過去前後輩的觀念、已經「無可救藥」，就能平息心中的怒氣。**

如果不想被這類主管責罵，也可以試著**扮演傳統時代的謙虛後輩來應對**。

我並不是妄自猜測或指責，但**時常讓主管發飆的人，應該想想自己是否一直做著不該做的事**，例如下列幾種情況：

「都說了幾次還聽不懂。」

「一直犯相同的錯誤。」

「自己不去設法了解，遇到一點小事就馬上發問。」

儘管被罵的人很倒霉，但破口大罵的人其實也很疲憊。一個人明明很疲憊，卻用發飆的方式來發洩，想必其中一定有某些原因。

比如下屬的說明沒辦法切中要點，最後主管就會發怒。若一直無法清楚說明，主管可能會破口大罵，所以必須冷靜下來，仔細思考自己哪裡做得不對。

例如頂嘴就是可能引爆衝突的關鍵點。

前面提到傳統時代的主管重視前後輩關係，如果**遇到沉不住氣的下屬出口頂撞，就會認為「這傢伙實在太囂張了」**。下屬一旦被貼上「個性囂張、會頂撞別人」的標籤，就更不可能忍氣吞聲。但無謂的頂撞只會帶來壞處，不妨讓自己冷靜一下吧。

此外，有些下屬會無意間觸踫禁忌而導致主管不悅，遇到這種情況時，最好認真思考一下自己為什麼會踩到地雷。

主管也是人，每個人都有屬於自己的個性，主管當然也**不願意受到下屬指責**。主管被自己的頂頭上司叱責時回答：「是的，我知道了」，被下屬指責時便回擊：「毛頭小子有什麼資格教訓我」，這種跟不上時代的前後輩觀念，就是造成暴躁不安的主因。

再次確認自己是否有做到基本的傾聽是非常重要的。

不管是誰，都會對仔細聆聽自己說話的人抱有好感，這麼一來，對方不僅不會動怒，語氣也會變得溫和，所以一定要記得展現出用心傾聽的態度。

值得一提的是，你會發現外商公司主管動怒的頻率遠低於日本企業，因為他們的主管具有以下幾種觀念：

- 大部分的管理階層都知道生氣無助於員工成長。
- 主管只會得到「生氣是因為管理工作做得不好」的評價。

- **被貼上職場霸凌標籤的主管，隨時都有可能被開除。**

然而有些上司覺得，若下屬的成長速度和能力遠遠不符預期，即使嚴厲批評也於事無補。身處這種狀況的下屬，一旦工作績效不彰，就只能選擇接受有期限的績效改善計劃，或是自請離職。在安靜、冷靜、沉著、不動怒的主管底下做事，未必就能過著風平浪靜的生活。

從以上內容來看，無論是在嚴厲斥責，抑或安靜的工作環境下接受指導，最重要的是要讓自己成長，為組織做出貢獻，成為能夠獨當一面的員工。

●給主管的建議

不管說了多少次仍搞不清楚狀況的下屬，確實令人火大。「雖然有培養這個傢伙（下屬）成長的熱情，對方卻沒有用心聆聽」，這樣的情況讓人不生氣也難。

不過**希望各位記住，時代已經改變**，「年長和年輕」「前輩和後輩」的觀念，對於現在的年輕人來說已經不管用，**他們認為「指導和接受指導，都是工作中的一部分」**。現在也出現一些接受過寬鬆教育的世代，他們甚至把接受指導視為理所當然。

若主管忽視這類現實，**無論怎麼斥責下屬，也解決不了任何問題，只會給人「易怒又難相處」的印象，最後變得不受歡迎。**

與其如此，不如**正面思考如何有效率地指導下屬、如何提升下屬的工作熱情**，因為讓下屬得到成長，進而使整個部門的績效不斷提升，才是工作的終極目標。倘若目的只是要營造出如軍隊嚴整上下關係的工作環境，可以說是毫無意義又白費力氣。沒有下屬會因為主管發飆而開心，這麼做也會大大影響下屬的工作熱情。

但這**不代表主管要一味地討好下屬**，從教育的角度來說，主管仍然需要維持某種程度的威嚴。與其因為不想被討厭而害怕得罪人，不如當一名以冷靜態度實話實說、將來受到感謝的主管。「實話實說」和「動怒」完全是兩碼子事。

有句話說，「小善如大惡，大善似無情」。這句話的意思是「過於和藹的態度，看起來像是釋放出小小的善意，但對當事人來說或許有害無益。無情、嚴厲的指導，才是大大的善意」，希望各位能夠時刻記住這句話。

常以無關的事妨礙作業的主管

眾所皆知，公司是處理公事的地方，不是讓員工來吃喝玩樂的，但這不代表連一秒都不能做其他事，若干程度的閒聊能縮短人與人之間的距離，對於營造快樂工作環境也有很大的幫助。

但工作的時候也不能總是討論和工作無關的話題，因為這樣不只會影響到工作，也會讓下屬難以忍受。

舉例來說，有些主管會問「回家後都做哪些事呢？」這種侵犯個人隱私的問題，或是「最近和男朋友的感情還順利嗎？」「這件襯衫不太適合妳吧」這類近乎性騷擾的發言。甚至還有直接開黃腔的愚蠢主管，這些人都實際存在於社會之中。

也有主管會叫下屬利用假日陪他從事休閒活動，例如打高爾夫球或是棒球等等。如果是下屬主動想參加，不會有人對此持反對意見，不過大家多半都會選擇和朋友或家人一起度過假日吧。利用假日遠離工作、放鬆一下心情，或是充實自己提升工作能力，這些都能為工作帶來幫助。

我聽說，一旦和主管有私下往來，有不少主管都會要求下屬互加社群網站的好友、按讚或追蹤。

●對策

如果主管在工作時聊到私事，**最直接的方式就是讓話題回到工作上**，主管會聊到這些話題，表示他現在正好有空，如果你手上有一些工作上不明白的地方，恰好可以利用這個機會全部問清楚。

如果不想惹上麻煩，也能**用下面幾句話來打發他**。

「如果可以，這些事能否在下班喝一杯時再來討論？」

「不好意思，我現在正忙不過來……」

要應付連休假都不放過你的主管，不妨以另有約會為藉口來脫身，如此非但不會惹惱主管，也不會陷入難以啟齒的窘境。

遇到加入社群網站的要求，就以「我現在都不加好友」「大部分只關心自己有興趣的內容」**這類理由來拒絕即可**。事實上就該如此，因為工作的義務並不包括在社群網路上和主管互動。

假設主管還是糾纏不休，你也可以向他的頂頭上司告狀，這部分可以參考本書第五章所介紹迎戰「笨蛋主管」的方法，以突顯主管的問題。

●給主管的建議

總是談論和工作無關的話題，甚至連下屬的休假日也要干涉，這些公事以外的行為必須立即停止。

主管更沒有權力命令下屬在社群網站上與你互動。

如果**想要和下屬拉近彼此間的距離，不妨舉辦喝酒的聚會，抑或是策畫一場簡單的午餐聚會，千萬別選在工作時間進行與工作無關的事。**

總是自吹自擂的主管

有些主管或許是希望能透過自己的經驗談讓下屬理解並以之為榜樣，因此會用自誇的語氣說話，甚至重覆好幾次同樣的話語，讓下屬不堪其擾。

但是這麼做不僅偏離原本想讓下屬理解的目的，同時也會讓人誤以為主管在吹噓自己的豐功偉業。

- **對策**

邊聽邊做筆記，記下重要內容，一旦開始出現自誇內容就停止筆記。

下列幾項是在第36～38頁介紹過聆聽的技巧：

「面向對方」「進行眼神接觸」「點頭」「幫腔附和」「應聲附和」「做筆記」「提出問題」「重點整理」。

要應付這類型問題主管，最有效的作戰方式就是做筆記。只要下屬平常有做筆記的習慣，就算是問題主管也會避免滿口胡言。如果主管發現下屬停止做筆記，可能會讓他注意到自己又在自吹自擂了。

人往往喜歡展現自己、強調自我。每個人都會有想吹噓的時候，當你遇到這種情況，只要以輕鬆的態度面對即可。如果已經聽過無數次同樣的話，**實在忍無可忍，不妨低聲告訴對方：「這件事以前已經說過了……」**

即便是工作表現相當出色的人，也會不斷重覆同樣的話。有一位我非常尊敬的老師（心靈導師），也有這種傾向。每當他又老調重談，我只能在一旁苦笑，實在無法鼓起勇氣告訴對方：「之前已經聽過了」，只好告訴自己「好的內容多聽幾次也無妨」。

●給主管的建議

對下屬的工作情況感同身受很重要，以過去經驗為例也未嘗不是一件好事。可是試著思考一下，**自己的成功經驗和失敗經驗，哪一個更能讓下屬產生共鳴？答案當然是後者。**

想要提升對方的親近感，不如以自己為例，告訴對方自己的失敗經驗，沒有比這更

好的方式。能夠誠實面對自我，不只證明自己的心胸寬大，為人處世也有一定的能力（右腦能力）。反之，總是重覆相同內容、自吹自擂的人，只會讓對方感到厭煩。

不斷說教的主管

有些主管喜歡抓住下屬不停說教，實在令人難以親近。原以為站著聽訓二～三分鐘就沒事了，沒想到坐下來以後又開始長篇大論，不斷說著各種似曾相識的內容，重要的會議一旦變成主管自說自話的個人演講，工作效率也會大打折扣。

●對策

縱使是問題主管，**有時也會提出正確意見，如果內容具有參考價值，就應該仔細聆聽**，也許事實上是主管認為「之前都說過了卻一直沒有改善」，假如是因為下屬工作怠慢才說教，這表示主管只是在執行他的管理工作罷了，身為下屬的人應該虛心受教。

相反地，**如果認為自己有充分做到主管的要求，你可以回答：「我認為自己已經按照您的吩咐執行。」**

●給主管的建議

為了告訴下屬「應該怎麼做」，所以才會舉出前人或自己的例子來說服下屬，在這一點上我非常了解主管的心情。

然而**不是每個人的教誨下屬都能聽進去**。A主管以前人的經驗做為例證，下屬都能牢記在心，但B主管說了同樣的內容卻沒有任何效果，像這樣的例子不勝枚舉。

此外，**拿不久前才聽過的例子現學現賣，效果也不顯著**。光憑模糊記憶說出無法讓人信服的話，不但無法獲得認同，反而讓人感到囉嗦，所以請停止不符身分的說教吧。

另一方面，假使自己打從心底認同，平時也以身作則，就能夠打動對方。以身作則正是管理工作的基本要點之一。

個性冷漠的主管

不打招呼、個性冷漠的主管也是問題人物，因為打招呼是人與人溝通最基礎的禮儀。如果主管每天一大早就垂頭喪氣，想必下屬也無法用朝氣蓬勃的態度來面對工作，處在連說話都懶懶散散的工作環境中，想必業績也很難有所突破。

這種類型的主管無法和下屬建立親密感，更遑論良好的溝通。他們多半不了解該如何和下屬相處，有些人則會以「我的個性怕生」為藉口，躲在自己的保護殼當中。

・對策

我們可以採取下列幾種因應方式：

- **提高聲調，大聲向主管打招呼。**
- **主動搭話來拉近距離。**

•偶爾大聲和同事互開玩笑。

•主管的頂頭上司應該對此人的個性也相當了解，不妨在打招呼時請他協助。

有位專業主播曾說過，提高聲調大喊「早安」，會讓人感覺聲音明亮透澈；反之，用低沉的嗓音說「早安」，不僅使人感到沉重，聲音也模糊不清。我實際嘗試後也深有同感。不善於打招呼的人，不妨試著稍微提高聲調看看。

•給主管的建議

身為領導者必須兼具左腦和右腦的要素。

我將左腦和右腦的能力分別列在第60頁的表格當中，左腦能力亦即所謂的技能，右腦能力則是待人處世的能力。主管未必非得具備所有要素，**只要左腦型的人鍛鍊右腦，右腦型的人兼具左腦能力即可。**

「笑臉」是右腦能力中最具代表性的項目，它是最強的社交武器，也是良好的溝通基礎，還不用花費任何一毛錢。

左右腦領導能力列表

左腦領導能力列表	右腦領導能力列表
【能力】	【個性方面】
□善於決策	□面帶笑容
□善於制定計畫	□個性開朗
□理解和說明能力較高	□有幽默感
□分析能力較高	□容易相處
□判斷和決策能力卓越	□熱心
□邏輯不錯	□寬宏大量
□善於領導團隊	【觀念和態度】
□有明確解決問題的手段	□保持一貫性，不會搖擺不定
□專業工作能力較高	□對說過的話負責
□對數字敏感	□誠實面對自己的責任
□會安排計畫	□正面思考
□了解事情優先順序	□不濫竽充數，能看見自己的缺點
□善於制定標準和機制	□正面看待自己的失敗經驗
□指導、指示、命令明確	□不擺架子
	□用心關懷

出處：《成為大器領導者》（大きな器のリーダーになれ，古川裕倫／ First Press 出版）

各位讀者不妨回想一下自己尊敬的人，是否都充分具備左右腦兩邊的能力。

吹毛求疵的主管

有些人很完美主義，只要下屬沒有做到滿分就會顯得非常焦慮，這種主管犯的毛病正是所謂「見樹不見林」。

我將其稱為「安排的愉悅感」，比方會計人員常以一元為單位來進行比對；物流管理是逐一檢查所有物品，而非抽檢，這種行為可算是一種職業病，也就是所謂的強迫症，而「安排的愉悅感」正是某些主管所追求的目標。

儘管對事物有所堅持不是什麼壞事，但是兼顧速度和完成度的平衡也很重要，只思考「安排的愉悅感」就是最大的問題所在。

●對策

讓主管理解哪些事情比較重要，應該把注意力放在哪些地方。

做出成品以後再展示給主管看，這樣的做法雖然令人激賞，但往往會被吹毛求疵的主管打回票。若是工作曠日費時，不妨**在執行過程中詢問主管意見，等大家取得共識後再做出成品**。

舉例來說，假如要製作向客戶說明的資料，千萬別在完成所有的簡報後再拿給主管看，而是用一張A4大小的簡報列出預備製作的項目，取得主管同意後，再製作成一張張的簡報。

這樣的做法**不僅能列出自己必須完成的待辦事項，也能讓主管了解這項工作要花費多久時間**。

• 給主管的建議

別忘了**工作最優先的事項是做出成果，過程不可能盡善盡美**，即使過程完美無缺，終究只是主管個人的主觀意見，沒有人知道是否真的毫無瑕疵，加上頂頭上司也可能無法充分理解，這可能會讓你站在極為偏頗的角度自認事情做得非常到位。

想要避免發生這種情況，就要**明確指示下屬「這項方案的重要之處在哪裡，哪些地方不需過度在意」「注意力應該放在哪裡」**。

假設公司要製作一份資料，首先要讓下屬知道看資料的對象是誰、年齡多大、哪些是客戶最想看的重要資訊等商務上的基本準則。「如果是給幹部看的資料，就用較大的字體簡單列出重點即可；提供給會計的資料，需要特別準備得較為詳細」，針對不同對象進行製作。

值得一提的是，有些下屬也會追求「安排的愉悅感」，如果遇到老是在意枝微末節的下屬，就要針對重點進行指導，若非重要案件，甚至可以告訴對方只要達到八〇%的完成度即可。

因工作繁雜而做出莫名其妙指示的主管

主要原因在於主管沒有整理好自己的大腦。

有時是沒有餘力管到其他事，尤其在球員兼教練的主管身上，更容易發生這種現象。要身兼專案負責人和管理下屬的工作，必須具備堅韌的精神和聰明的頭腦，才能同時勝任這兩項工作，可以說相當不容易。

●對策

若是不了解突然收到的指示含義，**最好仔細詢問一下原因**。

這時要簡單說明一下到目前為止的來龍去脈，以及現在手邊的工作，如果得到的指示方向與此截然不同，就要請對方撤回或是延長期限。

大部分下屬遇到這種情況時，很容易會以生氣或意氣用事來表達自己的不滿，但這樣只會讓主管的大腦變得更混亂。

預估主管手上的工作會在何時告一段落，委婉地提出「等一下可以借我十分鐘嗎？您何時方便？」像這樣**在工作告一段落時提出討論，也不失為一個好辦法。**

預先和主管約好開會時間也是個不錯的方式，詳細內容會在「給主管的建議」中說明。

●給主管的建議

做出指示、**和下屬進行討論**，這些事情都要優先處理，雖然需要一段時間適應，但只要**不以自己的工作為優先，就可以收到不錯的成效**。這麼一來，即使下屬突然有事，自己也不至於手忙腳亂，否則就會產生「偏偏在忙得不可開交時被打擾」的感覺。

也可以向下屬說明你的時間分配，例如告訴下屬「除了突發事件，盡量在中午前進行討論」，這樣就能在對話時間上取得共識。

不懂分配工作的主管

社會上有許多不懂分配工作的主管，這類問題主管主要分為下列三種：

I. 自己忙到沒有管理下屬的時間，無法扮演好主管的角色。
II. 為人客氣，不好意思分派工作給下屬。
III. 不想把自己喜歡的工作項目交給下屬。

I和II屬於能力或個性上有問題的主管，不過通常都能透過向主管頻繁報告的方式來解決。

III則是態度有問題的笨蛋主管所做的行為，相關內容在第99頁「不讓有意願的下屬接手工作的主管」中會詳細介紹。

有不少人都會遇到以下情況，明明主管能力不出色，卻因為下面幾項因素而不願將工作分配給下屬。

（A）不相信下屬的工作能力，所以不願分配工作。
（B）覺得自己動手比較快，所以不願分配工作。
（C）失敗時的責任歸屬不明確，對此感到不安而不願分配工作。

●對策

分配到工作對於多數年輕員工而言，是一件能夠提升工作幹勁的好事。

此外，**主管不願分配工作給下屬的原因，以前面提到的（A）類型占壓倒性多數**。

這是我在許多公司進行培訓時，直接從年輕員工和經理口中聽到的結果。**下屬獲得工作分配的要訣，在於執行時要「多次回報」主管**。主管若對下屬的能力存疑，當然無法放心將工作交給下屬，不過只要經常報告工作情況，就能讓主管放心。另外（A）和（C）也存在某種關連性。主管所擔心的，是不熟悉工作內容的下屬，能否在期限內做出成果，品質是否合乎要求。一旦工作成效不彰，自己就得一肩扛起責任。

只要下屬能贏得信任，（B）的問題就能迎刃而解。

前面說過，確實報告工作進度，主管就能放心將工作交由你來處理，而報告方式不外乎下列三項：

①結果報告：顧名思義就是報告事情的結果，重點在於要即時報告。

②過程報告：報告事情經過，例如「剛才客戶打電話來詢問○○商品的價格，我想以××元的價格報價，不知您是否同意」。

③完成報告：例如「剛才您指示的影印工作完成了」「已經告知○○業務部了」等等，主要目的是讓主管知道已經完成指示的工作。

其中又以②**過程報告最為重要**。姑且不論深受主管信賴的下屬，基本上每位下屬都應該要經常提出過程報告。

另外，如果只有①的結果報告，反而會讓主管緊張不安，未來更難將工作交給你處理。反之，經常提出②的過程報告，主管便能放心將工作交到你的手上。

③的完成報告多半都是較輕鬆的工作，一定要積極做到。例如主管請下屬幫忙影印文件，大部分的人都會在收到指示時回答：「好的，我知道了」，結束後報告：「事情做好了」。就算是一件簡單的工作，也應該向不知道工作進度到哪裡的主管回報，你也可以用短短兩秒回報：「那件事完成了」，以做為自己的完成報告。

確實做到報告等基本動作的公司，和沒有進行報告的公司有許多不同點。

我見過各式各樣的主管，但**幾乎沒人抱怨「下屬太常報告了」，再者，工作成果卓越卻不常報告，和工作成果普通仍經常報告的下屬相比，主管多半較喜歡後者。**

如果擔心太常報告會讓主管覺得厭煩，可以用「先前您交辦的工作進度如下」「為了以防萬一」做為開頭，接著再說明進度即可。

常有人用「主管看起來很忙」等理由來省略報告，但這只不過是懶得報告的藉口罷了，最好不要有這種想法。

如果主管看起來很忙，只要以「等您有空時……」「您有空時請給我一點時間」「我想報告工作進度，待會請給我一點時間」之類的方式告訴主管即可。

●給主管的建議

我再重申一次，領導人或管理者的工作，就是讓目標明確，發揮組織的最大效果。縱使領導人能夠一個人完成所有工作，也比不上組織所展現的工作成效，尤其在球員兼教練的主管類型中，有不少人是將許多工作攬在自己身上，不斷努力加班，以近乎單打獨鬥的方式完成工作。但其實原本就應該花費一些時間教育下屬，盡可能分散工作，以提升整個組織的生產率做為目標才對。

我非常了解各位主管的心情，雖然明知交辦工作能夠提升下屬的幹勁，卻因為擔心下屬能否順利完成，所以一直無法下放工作。

我在前面也多次提到，只要下屬經常報告，就能及時修正路線，最後達到分散工作的目標。我們最好能夠**在組織內建立起「想獲得主管信任，就要確實報告」的觀念**。

搞不清楚交辦和推卸工作有何不同的主管

有些主管會把「交辦」和「推卸」工作混為一談。

正如我先前提到的，交辦工作給下屬有助提升工作幹勁。話雖如此，若將工作一股腦全推給下屬，反而會造成對方的困擾。

主管交辦工作，是和下屬共享工作的目的、方法、品質、期限，由下屬負責執行業務，在這些條件下，下屬經過深思熟慮，將工作做到最好，當然最終的責任是由主管來承擔。

而推卸工作則是單方面將所有工作推給對方，甚至沒有說明目的、方法、地點、時間，若是在這種情況下完成工作，主管也只會抱怨「那邊不對，不能這樣」之類的。

原本交辦工作的前提，是在主管充分理解工作內容的情況下，將自己也能完成的業務交給下屬處理，如果主管本身不了解工作內容，抑或是將自己無法做到的工作推給下屬，就不屬於「交辦」，而是一種「推卸」。

● 對策

在接受工作前，先和主管確認工作的目的、方法、品質、期限等項目，執行過程中提出大綱或草案，獲得主管同意，以防主管在完成工作後翻臉不認人。

● 給主管的建議

喜歡將工作攬在身上的主管有問題，工作全推給下屬的主管也有問題，**透過交辦工作來提升下屬的技能和整個組織的生產效率，這些都是主管的責任。**

原本是自己應該負責的工作，卻因為不喜歡而全部推給下屬，這樣的主管可以說非常差勁。

職場霸凌、性騷擾的主管

在目前社會，已不常見到主管摔東西、踢東西這類肢體暴力的情況，但仍有不少主管會咆哮大罵，其中還不乏喜歡性騷擾的主管。

近年來，「職場多元化」這個名詞正受到社會矚目，它是在人才錄用上不分國籍、年齡、性別，接受多元意見，活用於經營領域的一種觀念。

只不過，即使工作環境看似朝向多元化發展，一旦有人採用咆哮式的高壓管理，就會導致下屬畏首畏尾，不敢提出自己的意見。而性騷擾對於女性員工來說，更是與自身權益切身相關的問題。

前面曾經介紹過傳統價值觀的問題，大家應該都知道有一個名詞叫做「斯巴達教育」，這種觀念強調用嚴厲的方式進行管教，以暴力言論和行為來壓迫對方。以前人們會從正面的角度來解釋這種行為，認為這是一種熱情教學的表現方式。反觀受教的一方只能回答：「是的，我知道了。」這樣的情景即使不是家常便飯，在我身邊也出現過好幾次。

接受這類教育的人，在成為管教者後，也會採取和過去相同的教育方式。但是如果對最近的年輕人採取斯巴達教育，反而會讓他們變得膽怯，儘管嘴裡仍不斷回答：「是的，我知道了」，對於不習慣這種教育方式的年輕人，這樣的方式不僅會造成其心情低落，其中更不乏有人會罹患憂鬱症等「心理疾病」。

原本應該對下屬曉以大義，結果卻以火爆、充滿攻擊性的態度發飆，這樣的表現方式只是突顯自己缺乏說明能力和邏輯罷了。

前面也曾經提過，外商公司中幾乎沒有主管會大聲咆哮，因為會成為守規（不違背社會規範，在公正、公平的原則下執行業務）問題，這類人最後都會被公司掃地出門。

性騷擾則是態度有問題的笨蛋主管，對付這種人不用客氣，直接反擊即可。

●對策

對下屬咆哮、大罵，甚至性騷擾，主管的頂頭上司應該都將這些行為看在眼裡。時代在進步，**我們要向主管的頂頭上司呼籲「職場霸凌（性騷擾）是不對的」，只要有更多人挺身而出，就能讓主管的頂頭上司清楚認識到這是一項必須解決的問題。**

●給主管的建議

即刻著手改善。身為主管，應該要遵循法令，了解企業管理對公司的重要性。

若是聽見其他部門有性騷擾或職場霸凌的情況，就讓相關人員知道這件事，別將這樣的行為視為「打小報告」，這是關乎公司存續的重要問題。

愛擺架子的主管

愛擺架子的主管相當令人傷腦筋，明明對工作完全沒有加分作用，卻老是擺出不可一世的樣子。

有些人在初任管理職時，會給下屬下馬威，因而表現得過於嚴肅。管理職可以指示或命令下屬執行業務，但這不代表可以裝得很了不起，兩者不能混為一談。

有一名事業有成、帶領眾多下屬的前輩，是我非常尊敬的人之一，他說：「對下屬耍威風，卻對上司唯唯諾諾，這樣的主管讓人瞧不起。」有需要時就低聲下氣、極盡諂媚之能事，儘管討人厭卻拿他一點辦法也沒有，但回過頭來，又對自己的下屬擺出高高在上的姿態，不禁讓人懷疑這個人的節操。

我有個朋友任職於航空公司，他問我：「你覺得坐哪種艙等的人會擺架子？是頭等艙、商務艙，還是經濟艙？」

坐在經濟艙的旅客，目的是享受旅行樂趣，不會在機艙內擺架子，利用經濟艙出差的年輕人也不會自以為了不起，即使是因公務搭乘頭等艙的人，也存有對其他人的感謝之意，和下屬說話時，也會表現出彬彬有禮的態度。

實際上，有不少搭乘商務艙的人，都會說出「服務太差了」「動作還不給我快點」這一類的話，擺出高高在上的姿態。有些部長級的人物，藉著公事之便，明明不是自費搭乘商務艙，卻自以為很了不起。

或許擺架子的人是想感受一下所謂的優越感，可是擁有優越感的人，從另一個角度來看，他的內心其實也存在自卑感。愈是自以為了不起，愈容易向人低聲下氣。

●對策

遇到這種主管，就算據理力爭也無濟於事，只要將他**視為同時具有優越感和自卑感兩種矛盾情結的人即可**。對於這樣的人，他的頂頭上司想必也會認為「這個傢伙沒什麼了不起」。

●給主管的建議

恃強欺弱的行為，就算不是在公司這樣的組織中，也讓人覺得很差勁，**這些有問題的行為，都看在你的下屬和主管眼裡**。

保護下屬，有時勇敢向自己的主管指出錯誤，這才是值得信賴的商務人士，而不是擺出高高在上的姿態。

討厭別人提出意見的主管

不聽他人意見的主管比比皆是，有些人甚至會在聽見很有道理的言論後勃然大怒，可是若不提出建議，事情就會往糟糕的方向發展，遇到這種情況時該怎麼辦呢？

我有個女性朋友是一名獨立董事，工作上相當能幹。她待人接物的態度和藹，臉上總是保持微笑，我想就是這樣的舒適感，讓她在工作上無往不利。

有些話在會議中不得不提，但若說得不好，反而會引起某些人不快，使得情況一發不可收拾，可是也不能因此就沉默以對，有時仍然必須提出反對意見。

她有一句話讓我印象深刻，那就是「用說話不帶刺的方式引發風波」。

換句話說，這是在不影響氣氛的前提下，委婉提出否定，並追求變化的必要性。這樣的作戰方式，是以其他公司的例子當作明確的依據，開朗、面帶微笑地提出異議。

・對策

請回想一下這位女性獨立董事的名言：「用說話不帶刺的方式引發風波」。該提出異議的時候，先表達感謝之意，再慎重、委婉地說出該說的話。為了堅持自己的立場、為了公司業績，有時也必須對主管錯誤的政策提出諫言。

如果直接用「您錯了」的方式來表達，只會讓人覺得你在挑釁，無疑是火上加油，事情反而會朝著糟糕的方向發展。為了達到效果又不至於讓自己受傷，最好面帶微笑，以「說話不帶刺」的方式，讓事情順利進行下去。

• 給主管的建議

假設你的主管屬於不喜歡別人提出意見的類型，想必會讓你感到困擾（是否已經有人面臨這種情況呢），而你的下屬也正處於這樣的窘境之中。

更進一步來說，**若連自己的主管都無法說動，願意追隨的下屬肯定寥寥無幾吧。**縱使向主管提出再多建議，主管都不願去說服他的頂頭上司，那麼對於下屬而言，這樣的主管不僅不值得信賴，也失去了做為主管的價值，從而被貼上無能的標籤。

如果你的主管不聽他人意見，甚至為此大發雷霆，你仍然必須視情況隨機應變。若用直接的方式會變得一發不可收拾，就以「說話不帶刺的方式來引起風波」。

不善於解釋的主管

有些主管無法清楚將事情告訴下屬，比方說只做出零碎的指示，卻不仔細說明目的，無法整理出問題點，無法按照順序說明等等。用簡單明瞭的方式向下屬說明，也是主管的重要工作之一，但許多主管對此卻沒有正確的認知，這就是最大的問題。

另外，「無法好好說明的主管」不只是針對下屬，對公司外部的人也同樣如此。例如經常向公司外部的人使用業界用語，這種類型的人只關心自己的業界，對於其他人毫無同理心，或許是想透過業界用語來表示自己擁有某些特殊專業知識，但從其他人角度來看，這種方式只是突顯他的「腦袋不好」罷了。

另外，無法用簡單方式解釋複雜問題的主管也很讓人困擾。優秀的人——例如優秀的律師或註冊會計師，都能用淺顯易懂的方式向外行人解釋專業領域的內容。一般來說，要讓完全不同領域的人理解第一線的專業內容，是非常困難的一件事，因此必須視對象的程度來改變說明方式，這也是理所當然的。

另外，比這個更糟糕的是「故意不說明的主管」。會發生這種情況，大多是因為過去主管曾認真向下屬說明，卻一直沒有獲得改善，但不管怎麼說，這仍是一種「故意」的行為。在第五章和「笨蛋主管」的作戰方式中，會向各位說明因應對策。

●對策

要應付不善於說明的主管，**只能靠下屬不斷提出問題，主動積極尋求主管的解釋。**

此外也必須營造出適合說明的舒適氛圍。要達到這個目的，**最有效的方式，就是做到之前提過的傾聽**（關於「傾聽」的詳細內容請參考第36～38頁）。

有時在聽完主管的解釋後，可以回答：「您的說明讓我充分了解接下來該怎麼做了。」**藉由這種方式來表達感謝之意，想必主管在說明上也會變得更積極。**

●給主管的建議

千萬別認為說明很麻煩，如果只是下達「做那件事」的指示，下屬便永遠沒有機會成長。倘若下屬不了解工作流程，就必須在每次工作時一一指示，這樣反而會增添主管的困擾。

「每天給一條魚，可以求得一天溫飽，傳授捕魚方法，一生受用不盡。」

只做出部分指示無需耗費多少時間，一開始花點時間仔細說明所有工作流程，雖然比較耗時費力，但這樣的做法，對主管和下屬都有好處。如果只是指導部分內容，反而讓身為主管的你必須將重要工作都攬在身上，只會讓自己忙得焦頭爛額。

假使除了部分指示，還**仔細說明了作業目的和手段，下屬就會自己認真思考做法，全神貫注在工作上。**

透過**朝著共同目標努力，工作順利時也能一起共享成就感，**從而**提升雙方的工作熱情、強化彼此的信賴關係，並樂觀面對工作結果，可以說好處多多。**

不懂裝懂的主管

世上有另一種不聽下屬和他人意見的主管，也就是不懂裝懂的人。如果是因為剛調動不久而有許多不懂的地方，應該不會發生這種情況，但在職場打滾愈久的主管，愈會覺得詢問他人是一件麻煩的事，因此習慣用逞強來包裝自己。在無法理解的自尊心作祟下，聽不進任何人的意見。

無論是在哪一種工作環境，不承認自己「不懂」的人，不僅無法增長知識，也會喪失成長的機會。如果談到自己不了解的事，就含糊其詞帶過，日後一定會出現問題，其他人也會認為「那個人一點也不懂」，而逐漸失去所有人的信賴。

這種行為也會帶給下屬極大的困擾，原本以為主管了解來龍去脈，所以便進行說明或採取行動，最後卻得到「我可不這麼認為」「怎麼可以未經我的許可就擅自行動」等回應。

可是如果直接質疑主管「您了解工作內容嗎」「您應該了解這個部分吧」，又會引起對方不悅。

●對策

最好不厭其煩地用「自從上次開會以來，目前進度已到這裡」「容我再重覆一次」「上次可能已經提過」等語句來**仔細、慎重地說明**。

如此一來，即使是不懂裝懂的主管，聽完說明後也會回答：「我知道這件事了」，接著我們再**察言觀色一步步進行確認**。

●給主管的建議

有人說：「問問題丟臉一時，不問問題丟臉一世。」我過去曾經接觸過各種類型的前輩，當能幹的人遇到自己不懂的事，會毫不猶豫地當場說出：「我對這個一竅不通，你能教我一下嗎？」「我不知道這是什麼意思。」

世上沒有人是萬事通，自己或多或少有不懂的事情也是理所當然。即使大致了解事情的來龍去脈，透過詢問下屬會讓自己更有自信，下屬也能在說明過程中增加理解，提升自身的說明能力。

鼓起勇氣詢問下屬：「這是什麼意思？」這麼做對自己和下屬都有好處。

藉口一堆的主管

以「事情多到忙不完」為藉口的主管不值得我們效法。所謂「忙不完」的理由到底是什麼呢？大多數情況下，只是以「忙不過來所以做不到」為藉口，來打預防針罷了。因為判斷自己無法做到，所以事先用這個理由來加強正當性。

「忙不過來」這句話，等於是「手上已經排滿工作，無法再接受其他工作」的意思。然而不管從事任何工作，每天都會發生毫無預警的狀況，若是真正重要的事，更需要立即做出回應，「忙不過來所以做不到」並非是一位直屬主管該說的話。

再加上有時也會出現難以區分屬於自己還是其他部門的新案子，這時候如果講出「因為忙不過來所以自己不做判斷」這句話，反而給人一種從一開始就不想負責任的感覺。以棒球為例，就像三壘手和游擊手都有責任處理三遊間的滾地球。因為害怕失敗而不願負起責任，於是擺出一副事不關己的樣子，正是一種缺乏積極性的表現。嘴上總是唸著「忙不過來」，就如同告訴所有人自己沒有做好時間管理，看起來相當不成體統。

還有一種類似的情況，那就是不斷說著「這太困難了」的主管，這不過是為「做起來很困難，所以有可能失敗」而預先找藉口罷了。此外，這種說法也可以當作「不想正面應付困難工作」「現在不對困難工作做出判斷」等延遲決策的理由，不管怎麼說，這樣的做法只會讓人覺得不像話。

主管常用「應該」「本該如此」「原來以為是這樣」等口頭禪，也是另一種找藉口的表現。「已經向下屬說明過，大家應該就要了解」「廠商應該在昨天送來才對」「原以為工作已經完成」——以上幾種說法，等於是告訴大家自己並沒有做好本身應該確認的工作。然而就是有人喜歡兜一大圈，用各種藉口試圖逃避責任，世上沒有比這種行為更讓人看不下去的了。

●對策

遇到經常搬出一大堆藉口的主管時，**最好的辦法是由下屬準備好解決方案，並主動提出包括完成日期的所有工作時程**。一旦有新案子，不妨試著自己主動出擊。

● 給主管的建議

正如之前提到的，**「忙不完」「很難處理」「應該」都是身為主管必須避免使用的禁句。**

沒有下屬願意追隨逃避、卸責的主管，就連**直屬長官都會給你貼上「逃避者」的標籤**，甚至包括客戶在內的外人也會對你有相同的看法。

不了解自己工作本分的主管

身為一名主管，必須基於公司方針，明確指出部門方向、追求執行手段，以帶領部門達到工作目標。

另外，考慮時間的安排，決定工作的優先順序，安排哪些工作優先、哪些事情往後推延，這些都是主管該做的工作。

然而有些主管沒有做好自己的本分，把時間浪費在毫無意義的小事上，對下屬的工作說三道四。這種類型的主管與其說是不成熟，不如說沒有清楚認識到自己的本分。他不僅沒有認清自己在公司扮演的角色，也不了解下屬對他的期待。

●對策

面對這類主管，要**在每次機會來臨時和他確認部門的方向，假使沒有明確的方向，就應該比照公司方針，提出可行的做法**。不要只丟出「我們需要大致的方向」這句話，要事先擬定草案，上下人員一起討論可行方案。若無法做到這個地步，主管便難以理解下屬的工作內容。

接著再以部門方向為基礎，讓主管知道下屬對他有何期待，列出部門內的業務分工，**讓主管明白他的本分為何**。

例如「那位客戶的層級較高，希望能由課長親自接待」「這邊的客戶由我來應對」這類意見，儘管不好開口，也要盡可能讓主管了解自己的本分。

遇到「不了解哪些事該做、哪些不該做的主管」，也就是「不了解自己立場的主管」時，雖然不斷叮嚀主管會讓下屬感到惶恐，但默不作聲卻有可能讓他對下屬的工作有過多意見，造成往後工作的困擾。給予主管「適當的工作量」非常重要，各位不妨努力嘗試看看。

●給主管的建議

「現在該做些什麼」和「工作優先順序」，最好經常確認並遵循公司以及部門的方向。只要自己能掌握方向，即便下屬有不明白的事情，也能提供精準的建議。

這並不是提供主管個人的看法，而是檢視現在最重要的工作是否符合公司和部門方向，避免決策搖擺不定。

拿不定主意的主管只會讓下屬感到無所適從，讓人搞不清楚工作「是否該繼續下去」「時間是否緊迫」。

經驗主義型主管

有些主管總是三句不離過去的經驗，比方說起「過去我擔任負責人時」「之前發生過這樣的事」等等。身為主管，不只累積有各種豐富的經驗，而且記憶深刻，這對下屬而言再好不過了，應該充分利用並做為參考才是。

只不過，假設全都根據過去經驗來判斷所有事情，也實在令人難以苟同。因為過去的成功經驗不代表也能適用於未來。頑固的經驗主義者，對於尚未經歷過的問題，未必能做出正確的判斷（儘管現在的案子和過去的狀況非常相似，有可能做出某種程度的正確判斷）。

所謂的經驗主義者，是指長期從事某項工作，並取得一些成就的人，他們通常對自己充滿自信，然而這類型人往往沒有接觸過其他領域，例如分析其他產品的市場動向，或是對其他公司的動向漠不關心。

・對策

面對這類型主管時，身為下屬的人應該要先設想好各種情況，**不厭其煩地說明未來情勢可能出現的變化。**

想當然爾，經驗主義型主管可能會一一駁斥你的預測，如果這時預先準備好公開的數值預測資料、專業文件，以及新聞報導，就能大大提升說服力。對於這樣的狀況，我們只能**大量收集有高度客觀性、可靠性、權威性的判斷標準來說服對方。**

・給主管的建議

德意志帝國的宰相俾斯麥有句名言：「愚者向經驗學習，智者向歷史學習。」

過往的歷史和自己無關，所以能站在客觀的角度冷靜思考，但對於自身經驗卻無法保持平常心。換言之，「我們不容易從客觀角度來思考自身的經歷是好是壞，因為有時它會造成自我否定」。這對過度美化自己過往經驗的經驗主義者來說是一個警訊，請各位一定要牢記在心。

搖擺不定的主管

搖擺不定的主管對於下屬來說非常棘手，不僅是工作方針朝令夕改，就連前幾天討論或會議中確認的內容也全數推翻，讓人搞不清楚這個人究竟是因為心情陰晴不定，或者只是忘了之前的指示。

此外，這種人對於自己的判斷也沒有信心，即便是已經決定好的事情，一旦頂頭上司提出其他意見，他就開始產生動搖。

事情進行到某個段落以後才改變想法的主管非常糟糕，這就和「過河拆橋」的行為沒什麼兩樣。比方說，一開始大家已取得「這件案子以某個方針執行」的共識，卻在看到結果後改口說：「為什麼這麼做？」沒有任何下屬可以接受這樣的轉變。

•對策

記錄下決定好的事，重要事情以電子郵件的形式寄給主管，內容簡單扼要即可，例如「關於○○案子會以××的形式執行」等等。

另外，**搶先在主管改變心意之前立即採取行動，也不失為一個好辦法。**

不過**若是主管的想法開始出現動搖，你只能找他一起討論。**身為下屬，首先必須弄清楚主管改變心意的理由和目的，請他整理並解釋為何會推翻前面的討論而做出這樣的結論，開會時看著（展示）自己之前做的筆記進行說明，能夠產生更好的效果。**要讓主管知道，即使要改變方針，也必須獲得部門所有人的同意，取得共識。**

•給主管的建議

舉棋不定的主管會失去下屬的信任，如果情節嚴重，甚至**沒有下屬會願意追隨。**

「彈性因應」和「朝令夕改」完全不同，請不要混為一談。

出現超乎預期的結果，抑或是往不好的方向發展時，當然要修正決策方向，這個時候**必須有明確的理由，向其他人充分說明並取得共識後，才能改變原本的工作方針。**

直言無法完成工作的主管

自信過剩的主管令人傷透腦筋，反之用「我做不來」的理由推掉工作的主管，也讓下屬難做事。

主管也是人，也想受到頂頭上司及下屬的歡迎，並且希望能獲得所有人的信賴。任何人都想完成自己被賦予的工作，也想成為一個「能幹的人」，即使是直言自己做不來的主管，以前應該也有過這樣的念頭。

然而現在卻選擇了妥協甚至放棄。

「算了吧，不用那麼拚命。」

「即使來不及也無所謂了。」

「上頭大概會發飆吧，這也沒辦法。」

「人不可能十全十美，我也有做不到的事。」

用以上這些藉口，完全隱藏自己原本應有的樣貌。

有些人甚至會以「我也是領人薪水的，這樣你懂了吧」「有些事你也做不到吧？希望你能了解我難以向主管啟齒的苦衷」的方式來尋求妥協。

雖然對下屬來說，這樣的主管一點出息也沒有，但從另一個角度來看，有著自己做不到的自覺倒也值得肯定。

明明沒有突出的工作能力，卻自以為「能力不錯的主管」，這種類型反而更讓人感到棘手。

站在公司和下屬的角度，當然希望能盡早從主管那邊得知自己的缺點在哪裡。只要讓他在了解自己能力的情況下，安排好下屬的工作，在自己擅長的領域對部門做出貢獻，就某種程度上來說，也算得上是稱職的主管了。

可惜的是，情況往往事與願違。這樣的人多半認為自己很能幹，不斷對下屬碎碎念，或者強迫對方採用自己的做法，結果讓所有人都對他退避三舍。

・對策

覺得自己沒什麼突出之處的主管，總會以無法做出決定或搞不清楚先後順序為由而逃避，一旦遇到這種情況，想必讓人鬱悶不已。下屬也會覺得，如果能有個能幹的主管，就不用搞得這麼累了。

不過換個角度來看，**危機就是轉機，此時也可說是天賜良機。自己主動提出各種建議，詳細說明箇中緣由，以堅定的語氣表示「如此一定能順利完成」**。

如果主管的態度仍然猶豫不決，不妨提出：「請讓我負責這個案子」，這也是為主管保留退路，使其不必為此事擔起責任。

・給主管的建議

讓下屬看見自己真實的一面（自己並非能幹的主管）反而是件好事，這樣的主管遠比自以為很能幹的人要強。

然而，自己能力不突出的事實並沒有改變。**最好的辦法是要有主見，傾聽下屬的建議，接受對方的意見，該做的事就下定決心全力完成，勇往直前別害怕失敗。**

愛拍馬屁的主管

愛拍馬屁的人，腦中只會揣測頂頭上司的想法，對下屬漠不關心。正確地說，與其說是經常揣摩上意，不如說是想要獲得主管的關愛眼神，不惜一切盡可能達到主管的期待，換句話說，這樣的人滿腦子只想著自己的事。

這類型人，腦中無時無刻都在想著「自己的主管目前在想什麼」「接著要做什麼事」「會問什麼樣的問題」。這麼做的原因是希望透過這些準備，讓自己有機會獲得主管的青睞。

姑且不論動機，預測對方下一步的行動是一個非常好的習慣，值得我們效法。

然而，無論內容是好是壞，對於上頭的一言一行只會一味盲從，明顯不是件好事。無條件答應頂頭上司的所有要求，就連做不到的事也輕易承諾，這種態度實在讓人無法接受。因為他們會想：反正這樣的案子，只要不負責任地全推給下屬去執行就好。

愛拍馬屁的人還有一項特色，就是總是輕易答應客戶所提出的要求。倘若遇到主管把隨便答應的工作推到自己頭上時，應該要明確表示：「我無法配合，請您自己處理。」以防未來又有類似的情節上演。

●對策

清楚讓主管知道，現在該做的事有哪些、有多少人力、正在做哪些事。

雖然主管和他的頂頭上司溝通順暢是一件好事，但是隨便答應而讓下屬增加不必要的額外工作，反而變成一種麻煩，所以應該要讓主管了解這個情況。

儘管這些本來就是主管的工作，但只要和主管再度確認部門目標，就能發揮更好的效果。

●給主管的建議

「在白雲籠罩的山頂看不見山下景象，卻能從山下清楚看見山和雲的形狀。」

下屬會仔細觀察主管的情況。儘管和主管保持良好溝通非常重要，但阿諛奉承、唯命是從的態度，只會**被下屬瞧不起**。

讓下屬清楚了解部門的工作目標，思考要如何「選擇和集中」，在現有資源下發揮最大成果。

不讓有意願的下屬接手工作的主管

即使提出自己有意願接手工作，有些主管卻不分配工作，或者讓人白白空等，導致下屬一直沒有機會做感興趣的工作。

● 對策

公司有企業理念、共同價值觀，以及員工行為準則，部門也有自己的業務計畫和工作目標。

儘管這樣的解釋看來太過理想，但我們只能利用這種做法，**讓主管知道我們想接手工作是為了達到公司和部門的目標，說明達成目標後所能帶來的貢獻。**

若不這麼做，即使你不斷強調自己「很有意願」，只要主管沒聽你解釋的理由，你的提議很容易遭到全盤否定，所以得找出讓主管無法迴避的理由。

或許大部分員工平常沒有清楚認識公司和部門的目標，主管也未必對這些東西瞭若指掌。即便如此，我們仍要以**委婉謙卑的態度**，證明自己有意願做的事，正好符合公司和部門的目標。

然而有時也會出現符合公司利益，卻和部門目標背道而馳的情況，這時儘管要花費不少時間說明，也要在會議上提出設定組織目標的必要性。除了主張應該設定的目標，自己也要提出部門組織目標的基本概要，在制定業務計畫時，說明這些內容是最有效的方式。這裡所指的並非定量目標的數值，而是針對定性目標進行討論，確認達到目標的手段和方法，明確指出自己有意願接手的工作。

只要詳細說明自己有意願接手的工作，和公司及組織的目標方向一致，而且預期可以獲得某種程度的成果，想必很少有主管會拒絕你的提案。

•給主管的建議

用心傾聽下屬的意見，可以說是主管的重要工作之一，不能裝做充耳不聞。

反之，若下屬懈怠工作，抑或是不積極工作而影響到公司利益，就要讓對方清楚了解公司和部門的目標，使其認真看待手上的工作。

第三章

對下屬有幫助的心得

~光靠逃避、臨機應變不會進步，
最重要的是獲得隨時隨地都能暢行無阻的能力~

別在意主管的看法，專注在工作上

醫學上有西醫和中醫兩種治療體系，每當出現因交通事故或急症而需要緊急處置的病患，必須仰賴西醫的手術來進行治療。

另一方面，從中醫的角度來看，提高身體免疫力對健康很重要，因此平時必須均衡攝取營養，以免疾病上身。

我們也能用同樣的思考方式來應付問題主管。面對緊急情況時，就以第二章所介紹的方法來因應。

不過，**更重要的是學會應對能力，才能避免長期受到問題主管的欺凌。只要具備充分的應對能力，即便是在問題主管底下做事，對方也很難刻意找碴。**

要掌握這項應對能力，必須要有中長期的對策和心理準備，即使處於逆境，也要磨練自己的工作能力，為未來的發展做好準備。

以上這些內容，都會在第三章做介紹。

就算對主管深惡痛絕，既然身為員工，領公司的薪水，就必須對公司有貢獻。只可惜我們無法在現實中立即改變主管的個性和工作方式，就算直接向對方抱怨，效果也不大，因此我們必須視情況隨機應變，這麼做的目的並非為了主管，而是因為自己終究要為公司做出貢獻。

無需在意問題主管，因為即使向對方大罵：「都說得這麼明白，還是搞不清楚嗎？」也無濟於事，我們能做的，就是**冷靜下來做好自己的工作**。一旦怒火中燒、處於氣頭上，本來能做好的工作也無法專心完成。

不過，**這裡說的不必在意，並不代表「將主管當成透明人」**。如同之前多次提到的，下屬有義務向主管報告、說明目前工作進度，即便不用在意主管，仍要將注意力集中在工作上。

不妨思考一下，糟糕和優秀的主管孰優孰劣？

倘若不幸遇上問題主管，為了在這樣的工作環境中自保，身為下屬的人必須思考可能會碰上的情況，想好因應措施並採取行動。

在逆境中思考該如何完成自己想做的事，加強忍耐（請容我這麼說），對自己有許多加分作用。

說實話，在問題主管底下工作確實相當痛苦，但**只要將這些想成是為了自己的將來，就長遠的職涯發展來看，或許也不是一件壞事。更進一步地說，就是別把這些當成是那麼糟糕的事。**

相反地，**世上真有職涯一帆風順、總是受到好主管眷顧的人嗎？在我實際認識的朋友當中，完全找不到這樣的人。**

假使從年輕時就一直受到好主管的照顧，就會將這種情況視為理所當然，自然而然地習慣這個不會遇到逆境的舒適環境，結果往往是太過依賴主管幫忙解決工作上的麻煩，自己卻毫無成長。

如果主管在工作和為人處事上都能面面俱到，反而有可能讓下屬沉浸在「安逸的溫柔鄉」。再加上因為主管能力不錯，就會讓下屬在和其他員工、其他主管、頂頭上司、公司外部的人等建立人際關係時，心態上變得較為鬆懈。

如果這麼好的主管被調往其他部門，原本下屬的工作還會如此順利嗎？

如果空下來的職位是由問題主管接手，那自己又該怎麼辦呢？**問題主管無所不在，也有可能隨時爬到你的頭上來，如果等遇到才開始思考因應對策，恐怕為時已晚。**

「不照顧你的主管其實是在幫助你成長」，這才是最珍貴的財產

這不禁讓我回想起二十幾歲時，曾經在一名離譜主管的底下工作，這位老兄的嗓門很大，說話絲毫不考慮別人的感受，周遭的人也相當了解他的個性，時常有人對我說：「您辛苦了。」

礙於篇幅的關係，難以在這裡一一說明，只記得某天我前往某個集團公司，和那裡熟識的社長聊聊，那間公司的接待室裡掛著一張寫著「有智慧的人拿出智慧，缺乏智慧就出力流汗，連流汗都不願意的人就閉嘴滾蛋」的方形美術紙箋。這位年過半百、充滿人情味的社長，非常認真地聆聽著我的談話內容，不斷點頭稱是。我打從心底感謝如此了不起的人願意傾聽自己，而有了「要是我的主管像他一樣就好了」的念頭。

聽完我的煩惱以後，這位社長也心有戚戚焉地回應：「我了解了，確實蠻辛苦

的。」接著又一一仔細回答我提出的疑問，讓我覺得不虛此行。

這位社長悄悄告訴我：「你只要將這個情況想成，不照顧你的主管其實是在幫你成長就行了。」

接著他用溫和的語氣對我說：「未來你還會遇見許多人，在不同的主管底下工作，甚至有可能遇見更離譜的主管，這些都不是我們能控制的，也不是只有你才會遇到，只要把不照顧你的主管想成其實是在鍛鍊你就好了。」

這位社長還提到：「當你哪天成為主管，記得要把現在的主管當成負面教材，仔細觀察並記錄他哪些地方差強人意、哪些做法不恰當，提醒自己以後別變成那樣。」

十五年後我遇見現在的心靈導師，他的想法也和這位社長不謀而合。

「和離譜主管一起工作，不僅令人生氣、厭惡，還會讓人不想去上班。然而這樣並不能解決任何問題，最好的方式是記錄下該主管的誇張行徑，如此就能冷靜思考哪些事情是正確的，透過筆記來抒發心情，平息自己的憤怒。」

我想，心中抱持「不照顧你的主管是在幫助你成長」「當成負面教材學習」的觀念，就能「讓心情平復下來」。

向小林一三學習，別成為「看似聰明的傻瓜」

小林一三是阪急鐵路、寶塚歌劇團和東寶的創始人，他最廣為人知的就是那源源不絕的創意和優秀的執行力。

有人在他晚年時問道：「小林先生有什麼曾經親身實踐，想留給後人的教誨呢？」小林先生以一段拾人牙慧的故事為例，說明A和B兩個人誰才是「看似聰明的傻瓜」。

A先生是一位儀表不俗、頭腦靈活、說話有條不紊、工作能力相當出色的人，除此之外，他的品行端正，無論到哪都表現出優雅紳士的風範，我想大部分的人應該都會覺得A先生充分具備出人頭地的資格吧，但令人意外的是，這類型的人在社會上多半欠缺更上一層樓的機會，這是為什麼呢？

「因為他**過度突顯『自我』，無法成為『無名英雄』**。」

小林一三做出以下結論：

「所謂理論即是具有高度見解的意見，之所以被認為是高度見解，是因為這項意見具有可行性，能夠帶來實質上的幫助。而不具備實際效用的意見，即使提得再多也是空談，就算內容再怎麼引人入勝，也沒有實際價值。真正被稱為高論的意見，必須在執行過程中創造出成果和實際的利益。」

剛才提到的A先生，儘管各方面能力都很出色，卻總是不得志且不受重用，就連朋友們也替他擔心。A先生抱怨道：「我總是負責難以執行的重要工作，反觀B先生做的都是遵從指令、執行輕鬆的工作，根本不需要多大本事就能達成。像我們這些為了公司利益大膽討論的員工，反而被其他人視為麻煩製造者而避之唯恐不及，這樣實在太愚蠢了，那又何必認真工作呢？」

A先生的說法頗讓人信服，而且完全沒有反駁的餘地。

然而小林一三卻一語道破A先生的問題所在。

「**擔任要職未必就代表一定能做出好成績**，也不是只有頭腦靈光的聰明人才能擔任要職。有些人因為運氣不錯得以負責重要工作，**這些人一般都會仔細觀察重要職務的必備能力和心理狀態**。B先生對於這方面瞭若指掌，與其說他是單純唯唯諾諾地點頭稱是，不如說他在工作上有自己的一套戰略，還會針對不同意見來思考該如何付諸實行。」

小林一三的這些話切中了要點。

即便是自己的意見，也要視情況，避免用自負的語氣說出：「這是我的個人意見。」而是委婉說明：「有人提出這樣的意見。」或者說：「據說有這樣的觀點，不知總經理意下如何？」

接著在討論時進行說明，如果獲得主管認同，就回答：「原來如此，您說得沒錯，我也認為總經理的意見值得參考。」把它當成是主管提出的看法，以平靜且佩服的心情執行工作即可，如此一來就能做出成果。

不斷累積經驗後，想必不久就能受到重用，最後獲得出人頭地的機會。雖然乍看顯得沒有主見，但破例升格的往往就是這些人，每每讓人大吃一驚。

從旁觀者看來，這樣的人似乎是靠著逢迎拍馬才獲得重用，但其實他們言之有物，所以才讓他們擔任重要職務的執行者，這可說是**巧妙揣測上意擔任要職**的典型案例。

A提出自己的主張，期望在「討論的過程中贏得掌聲」，B則認為「討論結果不重要」，強調「討論只是一種手段，並非目的」。這個故事告訴我們，實踐自己思考的事情比較重要，沒有必要強調自己的主張才是真理。

雖然A的能力備受眾人肯定，但久而久之就會開始抱怨自己不受重用，想必待在這間公司的時間也不長了。從結果來看，經常持有己見的聰明人反而會漸漸被淘汰。

這樣的例子在社會上屢見不鮮。

雖然是討論時的主要人物，屢屢提出高見，說話言之有理，然而無論提出多麼有建設性的意見，卻總是無法在組織內擔任要職，原因就在於經常賣弄聰明。

小林一三先生將這種類型的人稱為「看似聰明的傻瓜」。能否成為所謂的「無名英雄」，從這一個例子就能看出來。

「看似聰明的傻瓜」對其他人的事漠不關心，也不曾想過要觀察其他人的優點和長處，只將注意力放在強調自我主張是否正確上，一旦做得太過火，反而很容易招致其他人的反感。一個人的說法無論多麼令人折服，還是會有失敗的時候，其他人會想盡辦法從中作梗，讓這個「看似聰明的傻瓜」出現失誤而站不住腳。

小林一三如此說道：

「這是『誇耀自我見解的小人』和『以達成目標為優先，把自己的功勞擺在其次的大人』的差異。」

每當小林一三先生提到這段內容，一定會加上「希望我們彼此都要注意」的註解，從這個部分來看，至少他對於自己愛講道理的習慣有所自覺。

在福澤諭吉的《福澤諭吉自傳：改造日本的啟蒙大師》（福翁自傳）中，對於「無名英雄」這個議題，也提出要有甘於當一位無名英雄的認知。

忽視主管的缺點，把注意力放在主管的優點上

身為主管必須具備「發現下屬優點並充分利用」的能力。

天生我材必有用，每個人都有自己擅長或不擅長的領域，如果只注意不擅長的部

分，就無法充分發揮一個人應有的價值。

有一天，朋友向我抱怨自己的下屬沒有一個能用。

三名下屬都有不同的缺點。

「A君連一些小事都不會，做事拖拖拉拉，根本派不上用場。」

「B君的理解能力不好，做事拖拖拉拉，完全幫不上忙。」

「C君犯了錯也一付無所謂的樣子，做事拖拖拉拉，拿他一點辦法也沒有。」

朋友對這三位下屬的表現頗有微詞。

但我認為，不可能所有人都一無是處，所以當時我的直覺認為，差勁的並非下屬，而是主管本身。

我覺得不該光從缺點來看，便任意給他人貼上「做事拖拖拉拉」的標籤，身而為人，不應對別人做出這種嚴厲的指責，更何況是一名主管，照理來說，一個人縱使有若干缺點，我們也不能全盤否定。

因此我認為「做事拖拖拉拉」這種評語不應該出現在職場中，主管要找出下屬的優點，將其放大並充分利用才是。

相反地，從下屬的角度來看，這個觀點也適用於主管身上，也就是**「下屬要找出主管的優點並充分利用」**。主管既然能爬上這個位子，自然具備了符合主管能力的資質，但主管也是人，當然也有不擅長的領域，身為下屬的人，應該要忽視主管的缺點，以正面積極的態度，將注意力放在主管的優點上。

即使在糟糕的主管底下做事，也要冷靜思考「究竟是哪些地方糟糕」；大多數的問題主管只有某些地方糊塗，很少有人一無是處，**即使有些地方做得很糟糕，但我不能全盤否定這個**人，因為世上沒有十全十美的人。

歷史上的武將和著名企業家，都深知用人之道，且能充分發揮下屬的優點。各位讀者在不久的將來可能也會成為主管，到時候你可以斷言自己絕對是一名完美無缺的主管嗎？想必各位心中已有定見，這種事情是不可能的。

因此我們應該誠實面對其他人的優點，這其中也包括主管。倘若你在酒酣耳熱之際，對朋友大吐苦水，大肆批評自己的主管，那麼別人也會質疑你的為人處事和可信度，所以我們實在應該把注意力放在別人的優點上。

讚美主管吧！得到下屬的稱讚也會心情愉快

優秀的主管總是不忘激發下屬的工作幹勁，每當下屬完美達成工作目標，都會大方讚美、鼓勵：「做得漂亮，謝謝你。」

那麼下屬該不該讚美主管呢？

答案是肯定的。

或許你會覺得「自己已經分身乏術了，哪有閒工夫揣測主管心意？」不過要做到這一點並非難事。總之，**每當出現不錯的結果，只要實話實說即可**，和主管一起分享成功的甜美果實吧。

「不愧是您——」

「真是太好了！」

「值得我們借鏡。」

別吝惜這些讚美的話。

若有機會，建議也可以具體討論成功因素，例如：「當時和○○先生的交涉發揮成效了。」下屬對主管的成功感到開心，這對身為同部門的一份子來說是再好不過。不過為了防止誤會，我補充一下，這並非是對主管阿諛奉承，而是為了提升團隊士氣。

討論過程中，如果主管提出了不錯的工作方法，也能以「這個想法還不錯，有別於以往做法，我認為○○是優勢，請務必讓我負責那個部分」的方式，來表達你心中的感謝之意。

有個朋友過去是我的同事，目前在外商公司擔任日本（和亞洲）地區的負責人。眾所皆知，最近非常盛行企業之間的併購，朋友的公司曾經收購過其他公司，也有好幾次遭到其他公司併購的紀錄。朋友的公司被收購以前是其他外商公司的日本分公司，日本分公司的負責人稱為日本區業務經理。由於兩間企業合而為一，日本分公司在收購時遭到整併，日本區業務經理的位子當然也跟著減少一個。通常的做法是留下買方公司的地區業務經理，讓被併購公司的區域負責人離開。

然而即使公司遭到收購，我這位朋友的區域負責人地位仍不動如山，經歷過數次併購風波，他仍然靠著出色的能力穩坐區域負責人的寶座，不僅精通多個領域的工作，人脈也非常廣闊，無論是公司營運、業務、行銷都難不倒他，人也很好相處，在公司內外評價都不錯。

如此優秀的人這麼說道：**「和公司內部的人往來時，也要將對方當成客戶。」**

這意謂著，無論對方是下屬或主管，都要用面對客戶的態度來應對。

主管也是人，如果收到來自下屬的讚美，心情也會變得愉快。從這位前同事的建議來看，用面對客戶的態度來對待主管，不吝給予讚美，對下屬來說，是百利而無一害。

分辨什麼事情「無關緊要」、什麼事情「不可讓步」

我們必須具備區分什麼事「無關緊要」、什麼事「不可讓步」的能力。

在工作上應該要有自己的意見，但**凡事都堅持自我主張的做法並不聰明，應該要學**

會分辨哪些事可以配合主管、哪些事不行。

如果原本就有多個正確答案，**無論怎麼做都可以獲得同樣結果，那麼只要乖乖聽從主管的指示就好，也就是說，無關緊要的事可以對主管讓步**。工作以做出成果為主要目標，所以無需拘泥在枝微末節的小事上，不如將這股精力和時間用在其他重要事務上。

話雖如此，**自己和主管的意見出現分歧時，也不能完全按照主管的意思去做。**

如果在重要事情上看法不同，就必須先解決雙方的歧異。一旦把自己不了解或不接受的事物「囫圇吞棗」「照單全收」，就會引起消化不良。

若是在重要事情上和主管的意見分歧，要馬上明確說明自己的想法依據，**經過充分討論，找出雙方意見的平衡點後，再開始行動**。充分討論後，大致上可以得到以下幾種結論：

「主管接受你提出的方案。」

「你接受主管的意見。」

「透過討論產生更好的全新方案。」

不管怎麼說，討論時無論產生多大的分歧，最重要的是取得最終共識。雖然在無關緊要的事情上可以對主管讓步，但重要的是一定要適當提出自己的意見。

假如你的意見不被採納，最終仍要和主管達成共識，採取行動之後，就要按照雙方的共識團結合作。

此外，還有一種情況。

有些人會根據提出意見的對象來判斷事情，比方「贊同那個人的意見，反對這個人的意見」，倘若不幸遇到如同本書介紹的問題主管，確實沒人會願意接受問題主管的任何意見。

但我們**應該從「說話內容」的角度出發**，而非「說話對象」，好的主管也有出錯的時候，問題主管有時候也會做出正確的事。

無論面對哪種主管，都要負起責任報告、說明

很少有主管會抱怨「下屬太常報告」。

「能力出眾卻不常報告的下屬」和「有些地方差強人意但經常報告的下屬」，各位覺得一名優秀主管會喜歡哪種類型？

根據我過去的經驗來看，後者較受歡迎。主管能夠充分掌握工作進展才會指派下屬工作，能力再怎麼出色的下屬，若是無人了解其工作情況，任何主管都會對此感到不安。再者，下屬不向主管報告，主管也很難向自己的頂頭上司交代工作狀況。

下屬工作能力愈是出色的，愈容易陷入不想浪費時間向差勁主管一一說明的迷思，但這觀念是錯誤的。

下屬有「向主管報告的義務」，姑且不論主管是否能夠確實理解，沒有確實報告就

是你的錯，即使主管的理解能力很差，也必須明確做到「報告的義務」。

此外，不能將主管排除在工作之外，只有自己和社長知道你的工作進展情況。如果習慣「說了也沒用，所以不用報告」，名為公司的組織就無法成立。公司組織必須上下同心，所有重要資訊都要讓坐在這艘船上的所有人共享。

即便面對問題主管，下屬也應該負起說明責任，尤其是重要的案子，更不能以「之前已經寄過電子郵件說明」來一語帶過，必須用口頭報告的形式清楚解釋。順帶一提，用「主管看起來很忙所以沒有報告」的藉口來辯解，等於是沒有盡到下屬應盡的責任。

更嚴格來說，**不向主管報告，後面無論受到什麼樣的責罰，也毫無任何反駁的餘地。為了避免將來無謂的困擾，千萬別懈怠了工作報告。**

保持尊敬前輩的態度，不忘向主管表達感謝之意

儘管社會不斷改變，日本依舊保留了尊敬前輩的傳統儒家思想，對年長者仍習慣使

用敬語。在職場上也是一樣，後輩對前輩表現出有禮貌的態度，就能在前輩心中留下好印象。

主管對下屬擺出高姿態，或者不願聽從下屬的建議，多半只是因為過於在意下屬的態度或反對意見。因為否定下屬人格而暗自竊喜，再好的建議也絕對不採納，像這樣的主管可說少之又少。

「你這種見識短淺的年輕小伙子有什麼資格這麼說？」

「把我這個老手的意見晾在一旁，區區一名菜鳥能有什麼判斷能力？」

「這種事不用你提醒也知道！」

這些情況多半是因為對下屬有莫名的情緒疙瘩，進而影響了主管的行為。此時主管對下屬的情感，可以說已經從「主管和下屬」變成「前輩和後輩」的關係，為了避免產生這些問題，最好注意一下自己的說話語氣。

我本身不善言辭，但社會上有不少下屬能力比主管優秀，說話時通常都會先加上「恕我直言」「恕我冒昧」這類開場白。

即便是對同一件事進行提議，某些人不管怎麼說都徒勞無功，換成另一個人卻總是能夠輕鬆說服主管。有些主管終日板著臉，讓人敬而遠之，但在上述的人之中，有人就是有辦法說服他並取得共識。

這些**「談判高手」並非靠著阿諛奉承，而是靠著絕佳的說明能力，說話時總是能切中要點，說出對方的心聲**，同時又能**謹守前後輩的分際，用輕描淡寫的方式輕鬆帶過**。

對自己的想法或行動充滿自信絕非一件壞事，雖然自己本身沒有這種想法，但有時卻會讓對方覺得你「自視甚高」「目中無人」，從前輩的立場來看，這種態度就是一種沒有禮貌的表現。

工作順利進行的時候，所有人都會感到開心。雖然能夠和周圍的人一起歡欣鼓舞慶祝，但自己可能在不知不覺間擺出「洋洋得意的表情」，在得意忘形之下開始自誇，大部分主管在這時都會在心裡想著「你少得意忘形」。

很少有上班族會在成功完成案子後將所有功勞都攬在自己身上。案子之所以能夠順利完成，並非靠著一個人的努力，而是憑藉公司的招牌、過去累積至今的成果，以及**主管在過程中賦予權限與提供協助**，才得以讓所有人嘗到甜美的成功果實。

俗話說得好，「真人不露相」，因此要學會隱藏自己「洋洋得意的表情」或「得意

忘形的德性」，避免在其他人面前表現出來。

主管和年長下屬的相處之道

我們可以預見，未來的日本社會即將從過去的年功序列制，逐漸朝歐美實力至上的方向發展，因此不能墨守成規，不妨試著將年長下屬當作另一個主管來看待。

充分利用年長下屬最好的辦法，就是重視他所有意見，然而若是一直對年長下屬死纏爛打，不斷徵求對方意見，反而讓人無法以主管的身分做出必要的指示或命令，也難以掌握工作的主導權。

雖然在突顯前輩優勢的過程中，難以拿捏箇中分寸，但有時也要藉機宣示自己才是主管。

「多虧你和客戶長久以來的關係，才得以順利簽訂合約，真是辛苦你了。」

這個範例是先向前輩的經驗表示敬意，最後再**以主管常對下屬說的「辛苦了」做為**

結尾。

「那件事很感謝你，之後有什麼情況再麻煩向我報告一聲。」

這句話除了表達感謝之意，還包括**要求下屬「報告」的義務。**

儘管關係有些複雜，不過**在上班時維持「主管和下屬的關係」，下班後重新恢復「前後輩的關係」，這也是一個不錯的方案**。即便在上班時間（以有禮貌的態度）掌握工作主導權，也能在下班小酌一杯時完全恢復後輩的身分。

只要拿捏好分際，有些身為下屬的前輩也能充分諒解你的立場，一旦建立起良好關係，身為下屬的前輩，反而能在上班時間以下屬的身分帶來莫大的幫助。

上述內容是站在主管的角度，以淺顯易懂的方式說明，當自己是年長下屬，也請牢記這些話。

下屬也能教育主管！不聽下屬意見的主管也能受教

想當然爾，要以下屬的身分教育主管，比主管教育下屬要困難得多，可是，有時卻不得不這麼做。

基本上，可以自己主動先找主管討論，就算對方無法理解，表現出不耐煩的表情，我們也無需在意，只要按步就班完成工作報告即可，對於問題點和傷腦筋的內容，則應該坐下來仔細討論。

經過教育以後，希望主管做出決定時，**為了防止主管猶豫不決拖延問題，必須讓對方知道「這週內要做出結論」「拖到下次討論，情況也不會改變」，並給予寬鬆的截止日期。**

出現多個選項的時候，**請優柔寡斷的主管從兩個當中選擇一個做為結論，也有不錯的效果**，或是準備A、B、C三個方案，分別說明每個方案的特徵，以上兩種做法，都必須要有辦法說明「自己傾向哪個方案」的理由。

面對聽不進下屬意見、**總是當場否決的主管**，你可以這麼說：

「先讓我進行說明，您無需立即做出結論，請考慮幾天再做決定。」

利用這句話，剝奪主管當場否決的機會，等過了幾天之後再詢問他：「關於前幾天的內容，您的決定如何？」

像這樣給予一些考慮時間也是一種策略。一般而言，當事情不容易馬上做出判斷，即便是再優秀的主管往往也會舉棋不定，因此記得要留給主管一段時間考慮。

在會議上公開討論案子，也是一個有效應付聽不進他人意見或習慣立刻否決的主管的方法，有助於主管在聽取多方意見後思考和了解相關內容。

此外，下屬的積極討論往往也能對主管產生教育作用，透過充分的討論，仔細比較其中的優缺點，也有助推動主管做決策。

「請您閱讀（學習）這本書」這句話並非下屬該有的語氣，可以試著用比較圓滑的

方式告訴主管：「我在偶然間發現這本書，裡面有一段內容值得參考。」

過去有一位我很尊敬的主管，在必須設法說服他的頂頭上司時，他都會說：「我用委婉的方式教育主管那件事。」

從這個例子來看，下屬也能教育主管，這並非是談判，而是「委婉地」進行教育。

凡事都從是否對公司有貢獻來思考

對於工作，我們要先弄清楚，自己的出發點究竟是為了自己還是公司，無可置疑的當然要以公司利益為優先。既然身為公司的一份子，就應該對公司有所貢獻，否則員工就失去存在的意義。

以公司利益為優先，清楚說明自己的立場，就能增加你的說服力。正如之前所述，說明時不能以自己為中心，應該多以公司為主詞。

比方不能用「我對這件案子有興趣，請務必交給我處理」這種說法，而是以「這件事對於公司成長不可或缺，因此我希望能推動這件案子」的態度來說明。

倘若在提案前感到困惑，不妨試著加入「為了公司的〇〇」這類修飾語，確認一下自己的主張是否正確。

例如「（為了公司的利益）希望通過這項提案。」

「（為了公司的未來）應該放棄這個案子。」

「儘管有些難以啟齒，但（為了公司）只好勇於提出。」

不妨抱持這些想法，確認一下自己的意見是否合乎道理。

你也可以試著用以下方式來思考。

「公司和社長孰輕孰重？答案是公司。」

公司和社長不能相提並論，世上沒有一位社長在決策上從不犯錯，社長也是人，每個人都會有犯錯的時候。社長犯錯時，能提出「社長您覺得如何，要不要考慮我的意見？」之類諫言的下屬，在這時候就變得相當重要，這種勸諫的行為並非是為了提出諫言的人自身，而是為了公司著想。

有時大膽說「不」也是下屬的工作之一。說不的時候，也必須站在公司的立場思考，做出合理的判斷。

或許有些人不太認同無論如何都要以公司為優先的觀念，但公司還有其他應負的責任。公司有義務為員工、客戶、股東等利害關係人有所貢獻，對於地區社會也要有所付出，**只要成為一家人人稱羨的公司，員工必定與有榮焉**，因此不能只以自己的角度，要站在公司的立場來思考。

只要換成這樣的思考模式，和主管的溝通狀況也會有所好轉。

準備好「能給主管帶來好處的事物」

別忘了讓主管知道有哪些事物能夠為他帶來好處，如此一來，不願立刻接受下屬意見的主管，也會認真思考「如果成功會出現什麼結果」，心中或多或少都會產生動搖，因為一旦執行成功，主管也能獲得頂頭上司的讚賞。

「這個案子有助於公司的未來發展，若是成功，對本部門和客戶都有好處」，在報告工作時可以用這樣的方式**表現出為公司著想的心情**。

可是比起成功，有不少主管更擔心失敗時的風險。這時也要詳細說明失敗時可能會有的情況，謹慎向主管說明：**「假如不幸失敗也不會影響公司的評價，損失也能保持在可控制的範圍內」**，此刻正是最佳的時間點，即便不幸沒有做出成果，將來在檢討現在的決策時，仍會覺得這是最好的選擇。平心而論，**這是利用婉轉的方式暗示主管無需對此負責**。

接著再說明有好處的部分，**絕不能在討論時讓主管因辯輸而下不了台，應該營造出「接受下屬無理要求」的氛圍方為上策**，而不是企圖將主管全盤否定的態度扭轉為全盤接受，例如可以這麼說：**「基本上我對這件案子很感興趣，但錯在身為下屬的我一直沒有說明清楚」**。

前面已經多次提到，「在雞毛蒜皮的小事上應該要妥協，就算受點皮肉傷也無所謂」，這次也一樣。在這些皮肉傷之中，要緊的骨頭是指，只要獲得最重要的結果，無論在討論中占了上風或屈居下風都沒關係。
該交出來的東西，就要心甘情願交出來。

第四章

建立信賴感，保護自己不受攻擊

～不想受到攻擊，
成為「被信賴的人」就是最佳解方～

了解他人的心情，獲得信賴

要不受攻擊，最好的方式就是得到主管和旁人的信任。若下屬的能力和工作方式沒有贏得主管信任，工作上就會一直被指指點點。

相反地，若能贏得問題主管的信賴，他就能放心交付工作，不會再嘮嘮叨叨，而是慢慢放手任下屬自由發揮。

光想著要躲避問題主管，對其避之唯恐不及，這樣無法真正解決問題，倒不如從贏得信賴這方面來著手。

平時拉攏主管以外的其他人，讓更多人和你站在同一邊，這點相當重要，同時也要獲得客戶的信賴，讓這些人和你站在同一陣線。

可是，讓不信賴你的人反過來和你站在一起並不容易。**取得他人信賴並不簡單，拉**

攏人心需要花上一段時間，這一點希望各位能夠明白。

近代資本主義之父澀澤榮一曾說過：「信用乃真正的資本，是生意興隆的根基。」信用是一家企業最大的資產，也是生意興隆的基礎，不只企業需要誠信，對個人來說也一樣重要。

想要獲得信賴，就要有一顆為他人著想的心，若凡事都只考慮到自己，便難以得到其他人的信賴。

例如「想告訴其他人自己的主管有多糟糕」，你覺得這麼做能得到其他人的認同嗎？一一列出主管的惡行，一味抱怨自己受到的不公平待遇，這麼做就能獲得其他人信賴嗎？或許有些人願意坐下來仔細聆聽，對你的遭遇表示同情，但他們會發自內心和你站在同一陣線嗎？一旦弄巧成拙，反而會讓人覺得你只是一個背地說人壞話、沒用的傢伙罷了。

「利他」代表了給予他人利益的意思，也就是做對他人有好處的事。反之，「利己」則是在思考或行動時，以自己的利益為優先考量。

從對方的角度來思考，想想這麼做是否能夠幫上對方的忙，這樣一來對方才會開始對你產生信任。凡事只想到自己的人，是沒有人願意和他打交道的。

得到信賴需要時間，可是收穫卻無比豐富！

人生中不可或缺金錢，可是幸福並無法光靠金錢取得。金錢無法買到信賴和信用，失去他人的信任，不僅讓人生一片黑暗，前途也無法順遂。

自己不相信其他人，也沒有人願意相信自己，這樣的人生未免索然無味。幸福的人生道路上，必須有能一起歡笑、互相分憂的好友相伴，而這些都是建立在良好的信賴關係上。公司內的上下關係也是如此。

請各位務必記住，要**成為值得信賴的人，需要努力一段時間**。

現今世界非常方便，每個人都能透過網路迅速搜尋到想要了解的資訊。過去只能利用寫信或發電報的方式來聯繫，如今已經能靠電子郵件或社群網站進行即時通訊。然而不管世界變得多麼方便，我們也不可能馬上贏得眾人的信賴。

我認為信賴就像是堆積木一樣，如果不靜下心來，多花時間小心謹慎地累積，事情就無法成功。這裡所指的積木，是指一點一滴逐步累積的小事，例如遵守時間、信守承諾、說出口就要貫徹到底、不需他人緊盯就能做好自己的工作等等，**凡事都要徹底完成。**一點一滴慢慢累積，不久就能變成偉大的成果或發展，這就是所謂的「聚沙成塔」。

可是**積木也會在轉瞬間坍塌**。無論是誰都會遭遇到失敗，但這並非一件壞事，因為失敗能加速一個人的成長步伐，不過我們仍**必須極力避免失去他人的信賴**。

「真誠面對卻失敗」「戴著虛偽的面具而僥倖得手」，在這兩個選項中，我寧願選擇前者，因為相較之下，沒有比贏得他人信賴更重要的事了。

若是問題主管知道你「深受公司內外所有人信賴」，想必也會對你甘拜下風。雖然在問題主管底下做事讓人筋疲力盡，但我們也可以將其視為是一個提高信用的絕佳機會。

約從四十萬年前開始就有人類的存在，大家能聚在同一個時代、同一個地方、甚至同一家公司，真可說是不可思議的緣分。我不敢說自己能夠相信所有人，但是大家既然有緣相聚在同一家公司，身為主管的人就應該主動相信自己的下屬。

被指派某項工作，主管卻說「給我等一下」，如此簡單一句話就能讓下屬馬上意識到主管是否信任自己。

前面提到的澀澤榮一曾經說過：「自己不相信其他人，卻要別人相信自己，天底下哪有那麼好的事。」

胸懷遠大志向，這是為公司、社會持續工作的原動力

我常告訴後輩，工作最重要的是要抱持遠大的志向，**無論是把工作做好、成為工作達人、獲得別人信賴，都必須秉持遠大的抱負**。

仔細思考一下，自己是為何而工作，如果工作的目的只是為了求三餐溫飽，這個志向也未免太低了。我認為應該思考更長遠的未來，將眼光放在十或二十年後，而非只是眼前的事物上。

另外，**也不能光從自己的角度來思考，我們應該兼持遠大志向，對周遭的人、同**

事、顧客、公司、社會做出貢獻。

《伊索寓言》中有則〈砌磚工人〉的故事。旅人在路上詢問三名從事相同工作的砌磚工人：

「請問您在做什麼呢？」

第一位工人回答：「如你所見，我正在砌磚。」

第二位工人爽朗地回答：「我正在築一面堅固的牆，我靠這份工作養活全家。」

第三位工人面帶微笑，充滿自信地回答：「我正在建造一座村民期盼已久的教堂，我已經能想像所有人在我死後於這座教堂祈禱的景象。」

究竟哪位工人的抱負更為遠大，相當顯而易見。第一位工人並沒有看出工作的意義，第二位工人是為了全家的生計才工作，第三位工人則有著與眾不同的遠大抱負。我認為他應該是其中能力最為出色、工作做得最好的，無論刮風下雨，想必他都能不屈不撓的克服一切。

完成一天的工作後，或者是教堂建造完成時，這三名工人，誰會從自己的工作得到更多的滿足和充實感呢？

不是為了求得三餐溫飽，而是胸懷遠大志向，透過工作對組織和其他人做出貢獻，期待獲得客戶的感謝。我也希望各位將來能成為培育下屬、受到後輩尊敬的人，對組織和社會做出貢獻。

美國總統約翰・甘迺迪，在一九六〇年代完成「人類登陸月球」的計畫。據說當時於 NASA 服務的清潔工，非常驕傲地對來訪 NASA 的甘迺迪說：「報告總統，我很榮幸身為人類登陸月球計畫中的一員。」

美國社會中有相當的階級之分，清潔工可說是最底層的工作。然而這位清潔工卻胸懷大志，將工作視為推動人類登月計畫的一部分，而非單純的打掃環境。

臉書的執行長祖克柏，於二〇一七年哈佛大學的畢業典禮進行演講時就提到了這個小故事。對這個故事感興趣的人，不妨前往 YouTube 網站搜尋觀賞。

胸懷大志可說是做好工作、受到信賴、踏出充實人生的第一步。

釐清責任歸屬，透過主動承擔責任來加深信賴感

完全不了解自己責任的主管令人傷透腦筋。有些主管會用下面的理由做為藉口。

「都是客戶那邊的負責人害我的工作無法順利進行。」

「都是工作環境太惡劣，導致無法達成業績目標。」

這些無意間脫口而出的話，像是在為工作上的挫折找藉口、開脫責任。換言之，這些錯誤的責任不在自己身上，而是其他人的問題（都是別人害的），這和找藉口脫罪沒有兩樣。

這種行為不值得我們效仿。我們**必須仔細思考自己哪裡有錯，哪些地方需要改進。**

有不少人無法區分自己及他人的責任，將兩者混為一談。嚴以律人，寬以待己是人類的本能，因為自己是對自己最寬容的人，所以總是從自己的角度來思考事情。但如果

每個公司員工都採取這種思考模式，事情就會變得一發不可收拾。

進行解決問題或是檢討工作相關的討論時，首先必須掌握問題的核心，討論的時候要不斷問自己為何會造成目前這種情況。

因為此時就算能一一列舉出其他人或其他公司的問題，也不容易指出自己或同伴在哪些地方犯了錯，為了避免出現這類情況，必須從自己和他人的責任兩方面來進行思考。

對於工作和許多其他事物，**只要從平時就養成區分自己和他人責任的習慣，自然能夠減少無謂的藉口，從而贏得他人的好感。誠實告訴對方自己無法完成的事，就能讓對方覺得你是個「相當正直的人」，不僅能帶來好印象，也能提升信賴感。**

反之，總是將自己和他人責任混為一談的人，只會給人一種硬凹的印象，想得到他人的信賴簡直是天方夜譚。

在和其他人激烈討論的時候，做好承認責任在我的覺悟是相當重要的，主動承認自己的過失，也能引起對方的責任心。

換言之，**想要讓問題主管發現自己的錯誤，自己要先主動表現出負責任的態度，這在實際場合中是相當有效的方法。**

人性往往會認為錯誤都在別人身上，自己並沒有犯錯，例如「景氣不好導致沒有獲利」「下雨造成今天的業績不佳」「已經詳細介紹過了，是客人自己沒聽清楚」等等，這樣的藉口不勝枚舉，但這也代表說話的人打算將過錯歸咎於他人。

我們應該換個角度來思考，比方說「雖然景氣不好，但也有賺錢的公司，想想自己的公司哪裡做得不好」「那家店即使在雨天仍然生意興隆，自己的店一定是哪裡出了問題」「事實上我們是否有用心說明，直到對方了解為止呢」，藉此思考責任是否在自己的身上。

有一種**循環式品質管理模式稱為PDCA（Plan-Do-Check-Action），其中也有責任歸屬的陷阱。即便是執行一項良好的計畫，但在確認時只想著其他人的過失，導致後來無法採取正確的行動。**

一旦認為自己的所有作為都正確無誤，都是外部因素造成事情進展不順利，無論花多少時間都無法改善自己的行為。

我過去在零售業擔任負責人時，曾有人對我這麼說：「所謂的景氣好是八成的公司賺錢，兩成公司不賺錢；景氣不好則是八成的公司不賺錢，兩成公司賺錢，無論景氣好壞，一定都有公司賺錢。」

這句話充分展現出了卸責的思考方式，實在是很不可取。

如果不從承擔責任的角度來思考，別人就會把你當成是「對自己寬容的人」。行動時總是從自己的角度出發，這樣的人無法得到眾人的信賴，連客戶、主管、下屬都會認為你是做事敷衍、奉行利己主義、滿嘴藉口的人。

每個人都經歷過失敗。我曾在演講及培訓時詢問超過三千名人士：「有人從小到大從未遇到挫折嗎？」即便是相當年輕的高中生，也沒有任何人舉手。當然，就連我自己的人生也是挫折不斷。

承認自己的失敗，扛起自己的責任，做好自我反省，如此一來就能開始獲得他人信賴，成為受到信任的人。

除了工作，玩樂更要守時！

準時是一個人能否受到信賴的基本要求，對社會人士來說更是基本中的基本。無論是上班、開會、聚餐，**若約好時間還會遲到，不論理由為何，都無法受人信賴。**

日本電產的永守重信社長以企業再造的推手著稱，他重建公司的第一步就是讓所有員工提前一五分鐘上班，以充滿活力的態度展開業務活動，這代表了對任何事情都遵守基本規範的重要精神。不只是針對公司外部的會面，就連公司內部的會議，員工也要在開會前五分鐘準時入座。

要成為受到信賴的人，無論是聚餐或出遊，都必須守時。**以「工作很忙」為藉口而遲到的人，等於間接承認自己的時間管理有問題**，這樣豈不是自打嘴巴？

各位對時間的觀念是差不多就好？或者是絕對不會遲到？這兩種態度有著天壤之別。若經常保持準時的習慣，在時間管理上就會產生和過去截然不同的結果，而且**除了**

你自己，也會讓周遭的人產生準時的意識。

相反地，如果你是一位經常遲到十、二十分鐘的人，對方就會先行預測你的抵達時間而跟著遲到。因為別人心中已有「這個人總是遲到」的刻板印象，所以連帶地讓你不再受到信賴。

雖然有些人會以工作為優先，但如果是很早就約好的重要約會，即使這個約會是外出遊玩，下班時間一到就馬上離開公司赴約也不是什麼困難的事。除了終日在公司外面奔波的業務人員，大多數上班族一天有七到八個小時在公司上班，若想準時下班，只需要在時間內完成當日工作即可。

若是無法在上班時間內完成工作，當天可以提早上班，利用午休時間趕工，如此就能解決時間上的問題。我想經常晚下班的人，是否是因為怕同事發現自己先離開而遲遲不敢行動呢？假如當天有約，不必扭扭捏捏，只需要直接告訴同事：「今天有重要的事，我先下班了」就可以了。

不用說也知道，對自己而言，贏得客戶信任是相當重要的事。**如果有客戶對你表達感謝之意，不僅能在公司內部獲得好評，同時也能避免問題主管刻意找碴。**

什麼是提升公司外部之人信賴的必要條件呢？

我認為客戶觀察的重點不外乎下列幾項：

- **守時**
- **有禮貌**
- **樂觀積極地解決對方的問題**
- **說到做到**

按照先來後到來履約，絕不任意更改順序

我年輕時曾發生過這樣一件事。我在電話中向對方提出更改見面時間的要求，這件事被旁邊的主管聽見後，他大聲斥責道：

「一定是因為接到女人的電話才更改時間吧，真是沒用的傢伙。」

完全猜中了……

三位我所尊敬的心靈導師都有一項共通點，若非喪事這種重大事件，只要和他們約定了時間，絕對不輕言更改。即便是歡迎新進員工的聚會，一旦答應了邀請，無論之後有多麼吸引人的邀約，他們都會以「不好意思，之前和別人約好了」的理由加以拒絕。

英文有句話叫「First come, first served.」，意思是先到的先處理。例如享用自助餐時，就是由先排隊的人先拿食物。

換個角度來想，要做到「按照先後順序履行約定」其實非常簡單，**重要的是，就算後面出現更吸引你的邀約，也絕不能輕易更改之前的約定。**

以「First come, first served.」為理念的人，比較容易受到其他人的信賴，因此重點並不是誰的約定比較重要，而是單純按照先來後到的順序履行約定，之後就算是來頭再大的人、施加再大的壓力，我們也必須斷然拒絕。相反地，即便對方是新進員工，也要空出預定的時間，一旦約好時間，就不能放人鴿子。

不隨意更改約好的時間，這意謂著事情能夠按照計畫進行，可說是一種執行力的表現。不更改約定的安定感，對於贏得他人信賴相當有幫助。

最近臉書上常會介紹各種活動，有不少人在截止日期前仍無法決定要參加哪個活動，從人性的角度來看，每個人當然都想參加最有趣的活動，但若總是拖延時間，遲早會失去對方的信任。一旦有邀約，最好盡快做出決定，之後也要有勇氣推掉其他邀約。

請各位務必牢記「First come, first served.」這句話。

想要贏得信賴，就要有實際行動

對於**光說不練的人來說，想得到他人信任根本是不可能的任務**。有些人每次見面時都會說：「改天一起去喝一杯吧！」但這種猛開空頭支票的行為，只會降低自己的信用。我熟識的人當中就有不少這樣的人，雖然時間說的是「改天」，但只要提議「一起去」，就必須說到做到。

我剛進入公司時，曾經參加過一個盛大的聖誕節派對，當時的菜鳥都被要求進行一段表演，我的表演項目是唱歌。那時有一位在場階級最高的主管走過來對我說：「唱得不錯，改天我請你吃河豚。」因為在那個年代河豚並不常見，所以這番話讓我的內心充滿期待。

然而一個月、兩個月過去了，這件事一直無聲無息，眼看春天即將到來，這年的河豚季也差不多要結束了。

然而到了隔年的河豚季卻依舊沒有下文，在河豚季結束後的某一日，我終於在公司走廊和那位主管不期而遇。

我鼓起勇氣問他：「您好，我一直期待您之前提過的河豚大餐呢。」

沒想到對方卻回答：「咦？我有說過這句話嗎？不然改天一起去吃蕎麥麵吧。」

想當然爾，最後就連「蕎麥麵」都沒有吃到。

自此以後，這個人說的話對我來說已完全不可相信。

有句成語叫做「言行一致」，從字面上就可以看出，它表示「說話」和「行為」必須一致的意思。

除此之外，還有「知行合一」這個成語，兩者的內容相近，但後者的意思更為強烈。「請讓所知和行為一致，不能夠採取行動便不算是真正的知。」

請務必徹底做到知行合一，因為這才是讓你在短時間內贏得信賴的捷徑。

第五章

空手應戰的人是傻子，充分做好準備方為上策

~無論如何都要正面迎戰時，該怎麼做？~

若非為了公司而戰，只會讓自己失去信賴

前面已經介紹過在問題主管底下，如何讓工作順利進行的方法。

原本該由主管做的工作我們卻要幫忙注意，如果主管不夠努力，我們就盡力彌補，就算主管恣意橫行，我們也要忍受下來。這裡要向各位說聲抱歉，前面的內容可能讓大家累積不少怨恨……，可是若不這麼做，只會讓事情朝不好的方向發展，所以這部分很重要。

但對下屬而言，用盡方法仍不為所動的主管、為公司帶來負面影響的主管，究竟要協助他到何種程度呢？

姑且不論第一章介紹的「討厭型主管＝個性」「無能型主管＝能力」，**如果對方是刻意做出讓人困擾的行為，非但沒有對公司做出貢獻，甚至造成傷害的「笨蛋主管」，**

該正面迎戰時絕不能退縮。

但是要記住一點，作戰時別忘了自己身為下屬，和長期待在公司的人相比，經歷仍稍嫌不足，只要走錯一步，就可能會萬劫不復。雖然你是站在公司的立場，希望改善工作情況，但**如果和笨蛋主管作戰後不幸落敗，一切就變得毫無意義了。一旦發起戰爭，就要獲勝。**

本章要介紹的，就是在戰鬥中贏得勝利的方法

前面已經多次提過，在笨蛋主管底下做事，會讓人累積怨氣，這點我也感同身受。可是我們的初衷並非要一吐累積已久的怨氣，讓公司變好才是我們的目標，絕不只是為了一己之私。**若不是站在為公司而戰的大旗下，反倒會落得師出無名的下場。**

因為事情一旦失敗，只會讓人覺得你是個氣焰囂張的傢伙，反而可能失去對你的信任。如果想認真和主管一決勝負，最好先冷靜思考一下自己是否是站在公司的立場。

尋找同伴，讓戰情變有利，即使戰敗也能增加同伴

和主管對抗時，基本上要尋找同伴，以團體的形式與之抗衡，若是單打獨鬥，失敗風險極高。

如果全靠一個人制定出驚天動地的戰略，那麼他就是所謂的英雄。獨自一人面對主管，不管採用何種手段，只要能成功說服對方，這樣的方式也相當值得欽佩。

然而，只有一個人擬定戰略、執行作戰，這樣真能和問題主管一決勝負嗎？面對不識相、不聽建議、行動力不佳的主管，**單槍匹馬與之作戰，只能說是有勇無謀**。

我在擬定戰略的階段時就會尋找志同道合的同伴，最好由多人同心協力，將計畫付諸實踐。

首先和同伴進行討論，如此就能**確認這場戰爭是否師出有名。俗話說得好，三個臭皮匠，勝過一個諸葛亮。**

接著是**找出最有效的說明和作戰方法，如此就能以簡單扼要的方式將所有重點全部說明一遍。**

無論作戰結果如何，這在取得共識方面有很大的幫助，只要擁有相同意見的人愈多，事情愈能朝著好的方向發展。

這麼做還有其他好處。向主管說明方案時，可以**特別強調「許多人都有相同意見」**。

此外，透過公司內部的口耳相傳，**知道這件事情的其他主管，可能會提供意見給你的主管**。

雖然不知道同伴是否會立即採取積極作為，但只要你先向笨蛋主管開第一槍，其他人就有可能間接跟進。部門裡愈多人知道你和笨蛋主管作戰的原因，想必會有更多人願意挺身站在你這一邊。

若事先將問題點和解決方案分享給更多的人，即便在和主管的戰爭中落敗，也能獲得其他人的諒解。倘若主管的頂頭上司調查了事件的來龍去脈，或許能因你的想法獲得其他人的支持，而判斷出「他說得沒錯」「他的主管必須諒解」。

不和其他人商量，自己臨時提出意見，結果沒有人附和，這類情況也時有所聞。舉例來說，剛升上管理職不久的人，常會做出類似舉動。一個人奮不顧身向前衝刺，結果回頭才發現沒有下屬跟上，只有自己一頭熱，這就是無人願意追隨的典型範例。

最好的做法是和同伴一起思考、一起行動，如果提出了具體做法，同伴卻不願加入戰局，那麼你只能選擇孤身殺入。即便到了這種情況，是否有人了解你的想法，也會對結果造成很大的影響。

一旦完全採取孤軍作戰的方式，無論想法多麼正確，都要承受極高的失敗風險，因此一開始就要先讓周圍的人和自己站在同一陣線，至少也要在思考點子時尋找志同道合的同伴。

臨陣對戰前，記得先收集證據

假如有一天你和主管發生爭吵，而主管的頂頭上司決定分別詢問雙方事情經過。也許你會這麼說：「之前已經多次指出希望主管改善的問題點，所以才會掀起軒然大波。」

另一方面，主管可能向頂頭上司如此解釋：「請不用擔心。我過去未曾遇過這樣的指責，大概是他的資歷尚淺，所以習慣從壞的角度來看待事物。我會再好好指導他一下，這不算什麼嚴重問題，可能只是一時情緒上來罷了。」

一旦主管用這種含糊其詞的方式帶過，情況可能就會演變成都是你的錯。

要和主管爭吵，雙方必須有相應的信賴關係。

前面已經提過，吵架不是為了讓自己的心情變好，而是為了公司利益著想。

原本你的目標是為了讓公司更好，**結果卻被當成是為了一吐怨氣而採取的自私行為，這樣一來就完全失去了意義。若對方認為你的意見並不正確，就會讓吵架失去原本的意義。**

這時候，事實的累積和紀錄就顯得更為重要。不要用口頭方式要求改善，改以寄電子郵件的方式來要求對方。

同時，以書面的方式來提案也很重要，文件上別忘了附上日期，自己也要勤做筆記，記錄下對主管的所有要求。即使對方想否認，我們手上都有紀錄，之後一定能夠派上用場。

誠如之前所述，無論是口頭提案，或者寫電子郵件，都要以冷靜仔細的態度進行陳述。只要想到這些文件未來能夠成為有力的證據，就能壓抑自己無謂的個人情感。**發給主管的電子郵件，至少要寄一次副本給主管的頂頭上司。事實上寄副本比較合乎情理，但如果是面對激動型的主管，也可以改用密件副本的方式寄出。**

為了求慎重，在這裡提醒一下各位，儘管在提出方案或意見時留下書面文件，能夠在爭吵時派上用場，但這並非原本的目的，而是平時就該養成習慣的基本動作。

總之，若是有了不惜和主管正面交鋒的覺悟，就必須確實做好這些基本動作。

交鋒前，先填平主管的護城河

明知不可為而為之的作戰毫無意義。既然上了戰場，就要全力求勝。

豐臣秀吉去世後，德川家康在關原之戰，大敗石田三成率領的西軍。儘管如此，豐臣家仍是以大名的身分駐守於大坂。大坂城以難攻不破著稱，當年德川家康攻打豐臣秀賴時，是以填平大坂城外的護城河做為和解條件（大坂冬之陣）。隔年戰事再起，護城河遭到填平的大坂城等於毫無防備，最終落得被攻破的下場（大坂夏之陣）。

前面提到的「拉攏同伴」「留下證據」等做法，就是告訴各位，和笨蛋主管作戰前，要先填平對方的護城河。

作戰準備要悄悄進行。這裡再重申一次，在公司內部發生爭執，目的是為了通過自己的意見或提案，而不是要打敗笨蛋主管，一吐怨氣。

當你的意見開始獲得多數人支持，或者笨蛋主管發覺文件內容的重要性時，就代表你在這件事情上已經贏得「勝利」，等到主管發現護城河已被填平，恐怕為時已晚，這是不戰而勝的最理想狀態。

在笨蛋主管「認輸」的那一刻，立即解除包圍網，用笑臉化解尷尬，當作什麼事都沒有發生。

然而，世上也有怎樣都察覺不了、只在乎社長或幹部想法的笨蛋主管。遇到這種情況的時候，我們只能選擇攻陷失去護城河的城池，除此之外別無他法。

一旦挑起戰爭，就要徹底擊潰敵人，也要視情況表達不滿

若做好準備，就能為了公司大鬧一番，像投手一樣奮力揮臂，投出完美好球。

事實上，爭吵時要冷靜以對。我有時會投入過多個人情感，導致事情無法順利發展，若能站在理性的角度進行討論，用爽朗的笑容來面對，便是最完美的應對方式。

只不過，並不是每件事都能面面俱到。既然為了公司不惜一戰，就要忍受若干程度的不合理或失敗。若打算坐下來冷靜討論，最後卻演變成激烈的爭論，**別忘記前面提到的「以公司為主詞，而非自己」的說話方式，就不會發生問題。**

爭論時要聚精會神的強調自己的主張，說話時千萬別遺漏任何一項重點，手邊最好準備逐項列出重點的筆記，緊抓住問題點不放，清楚說出自己想要說明的事項。

別忘了這是一場戰爭，**縱使笨蛋主管硬要打斷你的發言，也要堅持到底，以堅定的口吻說出：「請讓我把話說完。」必須明確讓對方知道，當前的氣氛和平常不一樣。**

如果對方想找藉口逃避，你只能用強硬的語氣說：「我很認真地在陳述意見，您為何不願意仔細聆聽呢？」

自己非常努力解釋，**對方卻回以冷笑，這時不妨用怒氣來表達你的不滿**，透過拉高音量的方式，向對方發出「你正在生氣」的訊號。倘若此時你還表現得嘻皮笑臉，就會失去說服力。既然挑起戰爭，就要貫徹到底，全力求勝。

直接向主管的上司告狀！有時只能靠這樣贏得勝利

不和笨蛋主管正面對決，直接向他的頂頭上司告狀，也不失為一個好辦法。這種方式可以盡早讓主管的頂頭上司知道，你目前正為笨蛋主管的行為煩惱不已。

笨蛋主管不在場的公司聚會，就是最佳的告狀時機，假使沒有這樣的機會，也可以直接站著談。

「請問……」

「怎麼了？看起來一副無精打采的樣子。」

「……有件事讓我很煩惱。」

「嗯？你說說看。」

透過這種方式提出問題，營造出由主管頂頭上司主動詢問的氛圍。

說明時，也要冷靜說出主管的優點（即使很勉強）和讓人困擾的地方，接著提出你

的解決方案，別忘了加上這項方案對組織有何好處等內容。

若是直接越級告狀，這位頂頭上司必定會找主管詢問一些事。如此一來，你越級告狀的事就會曝光，從笨蛋主管的立場來看，這就如同下屬在背地裡打小報告。由於是在自己不在場的情況下遭到舉發，完全不了解你和頂頭上司的談話內容，所以笨蛋主管可能會變得疑神疑鬼。

如果主管在遭到頂頭上司的責罵後決定洗心革面，情況就能獲得改善。如果情況一如既往，絲毫沒有改善的跡象，那麼也只能夠正面迎戰。不過，由於事前已經將資訊透露給主管的頂頭上司知道，因此能在有利的情況下作戰。

爭吵時要有證人在場

和主管發生衝突時，最好在證人面前爭吵，絕對要避免和主管兩人獨處一室（例如

沒有其他人在場的會議室）。

我剛進入公司第二年，對於公司生活仍然懵懂無知，卻和當時的組長一言不合吵了起來，爭吵過程恰巧被經過會議室的課長聽見，之後課長將我叫到他面前，詢問事情的來龍去脈。儘管課長也贊同我的主張，但他告訴我：

「有一件事情非常重要，那就是吵架最好在人前爭吵。」

「如果爭論時沒有第三者在場，下屬可以說是毫無勝算。」

這句珍貴的教誨，對我而言猶如當頭棒喝。

雖然主管（組長）和他的頂頭上司（課長）有不少談話機會，但基層員工幾乎沒有和課長直接談話的機會，組長能向課長報告各種事情，基層員工卻鮮少能這麼做。

還有一件事情發生在我進入公司第十年、外派到國外的時候。我曾多次針對某件案子向分公司經理提出書面及口頭方案，但我的意見卻完全不被採納。

不僅如此，這位仁兄常會以「你不服氣嗎」「知道我是誰還敢說三道四」這類發飆或斥責的話語來威嚇我，對自己頂頭上司卻唯命是從，很顯然是只在乎上頭觀感的「馬屁」型主管，其他員工對此也莫可奈何。

某一天，有位董事從東京總公司出差到這間分公司，公司相關人員都受到邀請，來到分公司經理的家中參加歡迎會，最後卻演變成我和分公司經理激烈爭吵的局面。不，正確來說，我是打從一開始就下定決心「要在今天徹底大鬧一番」，並暗中執行我的計畫罷了。我遵照過去前輩的教誨，在第三者面前展現出來。如果我當時喝了酒，可能會被其他人以「酒醉」為藉口草草帶過，所以我當天滴酒不沾，以證明我處於清醒狀態。原本已經做好被開除的覺悟，沒料到事情卻順利發展，問題也得到解決。

在許多人面前爭吵當然有可能會讓對方在人前出糗，但無論如何一定要確認當時有無第三者在場。

作戰需要證據和證人。

帶著破釜沉舟的決心

之前曾經提過，「如果是無關緊要的小事，不妨對主管讓步」，這在**和主管作戰時**

也能發揮到重要效果。無關緊要的小事向對方讓步，至關重要的大事則緊握不放。

爭論過程中，可以想見主管會提出各種反對意見，直接駁回你提出的問題，也極有可能說出風馬牛不相及或是不理性的言論，有時甚至會舉出你過去失敗的例子，來駁回當下提出的方案。

假設對方提及你過去失敗的經驗，千萬別在過去的案例上不停打轉，埋頭討論或否認。同樣地，就算對方用過去的失敗例子來質疑現在的提案，也不能因此陷入消沉。因為過去的失敗或是不成熟的經驗，和現在的爭論一點關係也沒有，**這時只要二話不說，承認自己過去的失敗即可。**

對方有可能藉由這種方式假裝自己不了解問題點所在，或是想透過提出其他不相干的內容，來逃避眼前的問題。

因此我們必須事先**知道「哪些內容比較重要」，只要在這些地方取得勝利，就是最好的結果。**

自己受點皮肉傷不要緊，只要讓對方傷到骨子裡即可，作戰時要充分認知到自己的終極目標。

作戰前擬定戰略，養成時刻備戰的習慣

作戰的最高境界是「不戰而屈人之兵」，也就是打一場勝券在握的戰爭。

在著名的《孫子兵法》中，針對作戰有下列幾項說明。

- 不戰而屈人之兵方為上策。
- 兵力十倍於敵，包圍敵人，令其投降。
- 兵力五倍於敵，可以攻之。
- 兵力兩倍於敵，分斷敵軍，各個擊破。
- 兵力不如敵軍，下令撤兵。

另外，兵法上也曾說過：「能征善戰者，必先取得優勢後方可交戰。」這表示整體軍隊的氣勢，比起士兵的個人能力還要重要，也就是要提升士氣，一口氣殲滅敵人。

兵法有云：「知己知彼，百戰不殆」，這句話的意思是，**充分了解敵我雙方的情**

勢，就能立於不敗之地。

織田信長採用奇襲戰術，瞄準對手弱點進行攻擊，才得以在桶狹間之戰中大敗今川義元。面對在桶狹間休息的今川軍，織田信長的**目標只有一個**——拿下今川義元的首級。最後，人數上遠遠不及四萬今川大軍的三千名織田軍，贏得了勝利。

從這裡可以看出，**事前就要規畫好作戰方式，若是沒有任何準備，赤手空拳和敵人作戰，其結果可想而知。**

- 確認自己的意見是否遵循公司理念和行為規範。
- 確認是否師出有名。
- 作戰前思考有誰會加入我方。
- 確認是否掌握充分證據。
- 思考哪些地方可以讓步，哪些地方寸步不讓。
- 決定從哪裡開始說起。
- 思考在哪個時機點進入正題。
- 預測對方有可能提出的反駁意見。

準備工作不侷限於作戰方面，在人與人之間的交涉上也很重要。據說國外的商務人士從小在學校就接受主動發言的教育，因此表達能力都不錯。除此之外，他們在交涉前都會事先做好準備工作。

過去，加州某間大學曾邀請我在他們的國際財經課程中擔任客座講師，我在那時也大力推廣「交涉就是準備」的觀念，如今再回頭看看日本企業的現狀，幾乎大部分商務人士都是在毫無準備的情況下，臨陣磨槍趕赴戰場。

言歸正傳，因為沒人比你更了解主管的行為，所以更應該時時思考該採取何種作戰方式。

給對方台階下，不要把人傷得體無完膚

假如你提出一項方案，不僅理由正當，也很合乎邏輯，能夠為公司帶來利益。而爭

吵的目的，是為了實現這項方案，取得雙方共識。**一直抱持反對意見的主管，突然哪根筋不對轉為贊成的態度時，爭吵就要在此刻畫下休止符。**

沒有必要繼續爭吵下去，讓主管下不了台。這裡再重覆一次，我們的目的不是為了一吐累積已久的怨氣，讓自己的心情好轉。

「您在管理方面的指責讓我受教了，往後我會改進，非常感謝您。」

透過這樣一句話，**向對方發出「言盡於此，避免事端擴大」的訊息。換言之，就是給對方台階下。**

從反對轉為贊成需要很大的勇氣，我們應該向對方的虛心致意才是。自己的意見能夠受到肯定，心裡當然會感到很開心，**可是要注意別流露出讓主管誤會的驕傲神情，因為我們不是在比賽吵架，露出驕傲的表情，只會讓人質疑你的人品。**

《孫子兵法》也說：「圍師必闕」。**一旦逼得敵人沒有退路，退無可退的敵人就會發動意想不到的反擊。**

腦筋再怎麼不好的主管，通常都不會輕易放過有台階下的機會，而這樣的安排，對於日後向同一位主管提出其他方案時，也能有所幫助，所以務必要考慮到這一點。

向主管的頂頭上司報告作戰經過和結果

前面提到了，我們應該讓「主管的頂頭上司」知道你和主管之間的問題，因此之後也應該向他詳細報告「目前作戰」的情況和結果。

傳達目前正在作戰這件事本身非常重要。不必擔心是否老調重彈，盡量表達你的想法和原因，因為無論是用哪一種形式，你的直屬主管遲早要向他的頂頭上司講清楚你和他之間的問題。

對於你和主管的紛爭，無論是聽取片面之詞或是雙方各自的解釋，兩者能夠給予頂頭上司不同程度的安全感。只聽片面之詞而無法做出判斷時，說不定頂頭上司會誤以為你只是大腦陷入混亂，才做出這種行為。

可是如果是你主動向他報告雙方的爭執，就能讓頂頭上司知道正確情況，同時也代表你是以冷靜的態度來面對這場紛爭。

此外，若爭執的內容（對頂頭上司而言）**微不足道，讓他知道彼此之間只是有點小誤會也無所謂。**

例如「我和〇〇先生發生衝突了。」

「我對〇〇先生動怒了。」

有次我和某位主管爭吵時，是用電子郵件向他的頂頭上司報告：「我正在和〇〇先生進行猿蟹合戰」。之所以用《猿蟹合戰》這個民間故事來表現，是因為這件事並沒有大到需要把頂頭上司牽扯進來，只是希望他能理解我們並非真的要把事情鬧大（比如發展成雙方互毆）。

戰線無限拉長絕非上策，我們要做的是取得戰果、見好就收，盡快將注意力放回原本的工作上。只不過，無論發生何種爭執，都要仔細回報過程和結果，以防主管向他的頂頭上司胡言亂語。

即使一敗塗地，也不代表就此結束

即便做好萬全準備，最後仍有可能以失敗收場。

然而**失敗不代表你將結束公司員工的生涯**。

比起眼前的勝敗，向笨蛋主管和周遭同事展現出「作戰態度」，才是你最大的收穫，讓其他人深刻認識到你是一位「充滿鬥志的人」，才是最重要的。

就算笨蛋主管不了解你，其他人也一定可以理解。

「明明自己這麼努力工作，卻沒有得到任何人的認同……」

「為何總是得不到回報……」

或許有不少人都有這樣的煩惱，但實際情況絕非如此。

因為「你的努力一定有人看見」。

對主管唯命是從的下屬，或許從某種意義上來說，比較容易受到主管寵愛。然而，如果所有員工都是乖乖牌，這對公司絕非是一件好事，員工全都是聽話綿羊，公司就不會有所成長。一般來說，沒有人會排擠為了公司利益而和主管爭執的員工。

以「不想引起軒然大波」「討厭只有自己做吃力不討好的工作」等理由為藉口，不願意行動，那就別指望能改變現狀。只要做該做的事，有心人就會了解箇中含義。

第六章

享受上班的方法

~我們本來就是為了自己而工作~

別為了問題主管而離職

無論是現代或以前，無論在日本或其他國家，無論何時何地，問題主管都無所不在。每個到了不惑之年的人，一定都有遇見問題主管的經驗。

就連我自己也碰到過好幾位問題主管，值得慶幸的是，在這四十年的職場生涯中，**我並沒有「因為問題主管而影響自己的人生觀」，頂多偶爾才會想起「啊，原來我遇過這種人」。我想這大概是因為人類會在腦海中留下好的回憶，逐漸淡忘不好的回憶吧。**

和我年齡相當的伙伴也一樣，他們對過去問題主管的印象也僅止於此。過了五年後，大部分的人都會對這些往事「一笑置之」。

至於要不要相信就由各位自行判斷，希望至少讓大家心裡有個底，若是能幫助各位在面對問題主管時稍微鼓起勇氣，就相當令我欣慰了。

據說有三成社會新鮮人在公司待不到三年就會離職，理由如下：

- 對那間公司的人際關係感到不滿
- 擔心自己的能力不足以勝任那間公司的工作
- 對那間公司的未來感到不安
- 那間公司不符合自己的職涯規劃

這些理由中，以人際關係為藉口而離職的人，多半只是和主管處得不好罷了，很少有人是因為討厭同事或下屬而選擇離開公司。

然而，以和主管關係不佳為由而離開公司的決定既愚蠢又奇怪，因為你不可能永遠和這位主管待在同一個工作環境。

以為「到別家公司就能解決問題」，這種想法簡直痴人說夢，就算到了其他公司，也極有可能遇見另一位問題主管。換言之，這不是靠離職（逃避）就能解決的問題。

到目前為止，本書告訴了各位要提升自己的能力，成為不會受到攻擊的下屬，而且必須堅持下去。假如不幸遇到問題主管，只要將它想成是克服這些情況的訓練就可以了。

請各位回想一下「不照顧你的主管其實是在幫助你成長」這句話。我以過來人的經驗（驕傲地）告訴各位，每個人都曾經歷過問題主管的攻擊，要把它當做是商務人士的一種培訓。從行為誇張的負面教材身上，能夠學到的東西超乎你的想像。

不論任何工作，都能打從心底愛上它！

在離職的年輕人當中，有些人認為自己不適合這份工作，有些人覺得這份工作不是自己想要的，有些人則是感覺興趣和工作沒有結合在一起。

然而有多少人從一踏入社會便能夠從事自己最喜歡的工作呢？社會上確實有些人有幸從事自己喜歡的工作，比方喜歡音樂的人從事音樂相關工作，喜歡電影的人從事娛樂相關工作等等。

可是這些人在社會上畢竟只是少數，可能連一％都不到。有些人雖然在音樂或電影公司上班，卻被安排到總務或是會計的職務，從事與自己的興趣無關的工作。

我們要做的**是認真看待眼前的工作，讓自己在工作上得心應手，贏得其他人的讚賞，如此一來，工作就會變得愈來愈有趣。最後你將愛上這份工作，並從事著自己喜歡的這份工作。**

你也可以試著思考看看「工作的樂趣」究竟是什麼？

在餐廳工作的人，最開心的事莫過於聽到客人說：「真好吃，我下次還想再來品嘗」。在商店工作的人最高興聽到客人說：「感謝讓我有愉快的購物體驗」。

在鋼鐵公司工作的人，會因為對自己製作的鐵板愛不釋手而用臉磨蹭嗎？在肥料製造公司工作的人，會在枕邊放著裝有肥料的袋子入眠嗎？我想應該不會發生這種事吧。

鐵板不僅可以製作成汽車，還會變成許多受到大眾歡迎的商品；肥料在農家種植作物時很有助益，為享用新鮮蔬菜的人帶來好心情，這些都是工作的樂趣。

這些樂趣都有一項共通點，就是受到人們感謝。

不過，即便沒有受到感謝也無所謂。聖路加國際醫院的名譽院長，享年一〇五歲的日野原重明曾說：

「我總是建議患者多多運動，自己卻忙得沒有時間運動，所以我都會盡量利用地鐵這類公共設施，從地下樓層爬樓梯上到地面，並偷偷瞄向旁邊的手扶梯，以搭乘手扶梯的人為目標，比賽看誰能先到達地面，每次獲勝時都會得到一種成就感和滿足感。」

即便是這樣的小事，也能帶來樂趣不是嗎。

不管任何活動，一定都有箇中趣味，找出這些樂趣，就能樂在其中。然而樂趣需要靠自己去挖掘，當找不到工作的樂趣，不妨試著和尊敬的前輩商量看看。

跳脫舒適圈，提升自我能力

我的工作以推廣職場多元化和性別平等為主，也定期舉辦為期六個月的公開研討會「立志塾」，宗旨是培養立志成為管理職或是幹部的女性。

雖然沒有男性參與，但大部分的女性都不願調離現職，轉調到其他部門，所有人都很滿意現狀，也不想升上管理職。因為自己已經習慣目前的工作，不想把精力放在其他地方，大家都想待在讓自己感到舒服的環境，也就是所謂的舒適圈。

我在前面曾經提過，一旦屢屢受到好主管的照顧，職場就會形成一種舒適圈，使得工作總是要靠好主管的協助才能完成，也往往會忽略和公司其他部門的人打好關係。轉調部門不僅可以接觸到更多領域，還能讓我們更上一層樓，許多公司之所以有職務輪調制度，目的正是著眼於此。

我認為，**想提升自己的工作能力，就要主動跳出舒適圈，藉由不同環境，累積各式各樣的經驗。雖然運氣不好時說不定會碰上問題主管，但從長遠的職場生涯來看，這些只不過是微不足道的小事罷了，最重要的是讓自己更上一層樓。**

在同一家公司服務直到退休是一種生存方式，轉職也是一種思考方式。不過，**最好是在累積足夠實力後再轉職，為了讓自己更上一層樓，才來思考是否值得這麼做。**假使能夠讓你歷經千辛萬苦，累積大量經驗，吸收過程中學習到的所有知識，胸前掛滿琳瑯滿目的勳章（實力和成果），那麼轉職也是一個不錯的選項。

提升自己，對組織做出貢獻

對一位商務人士來說，如何運用時間有重大意義。一個人從踏入社會到退休，總共約四十年，既然同樣都要花費四十年人生在工作上，那麼何不讓自己成為獨當一面的商務人士，為組織帶來貢獻，替所有人謀福利呢？

四十年如白駒過隙，一眨眼就過去了，希望各位別虛度每一天。儘管不幸遇到問題主管，這個想法就會煙消雲散，使得心態轉向消極，但我們仍需做好每天的工作，這和主管的好壞無關，而是必須盡到自己的本分。

我經常在培訓或實際工作時告訴在場的年輕人，

「提升自我能力，對組織做出貢獻，一定會有所回報。」

我常在居酒屋聽見「我的薪水真少」這類嘆息，但這些人在抱怨時是否想過，自己的薪水究竟是由誰來決定呢？

在繼續閱讀下去之前，各位不妨試著花點時間，仔細思考這個問題。

薪水制度基本上是由人事部建立，主管進行審核，在董事和社長批准後，才決定出薪水的金額。所以說薪水是由主管、人事部、公司一起決定，這句話一點也沒錯。然而，真的只有這樣嗎？

提升自己的能力，為組織帶來貢獻，除了能夠增加獎金，也能盡早升職、接觸到更高級的工作，身價也會隨之水漲船高。只要努力一定會有回報，**決定薪水多寡的不是別人，正是你自己**，我們不但要認識到這一點，也要讓下屬了解這個道理。

有些到了一定年紀的人，雖然在公司擔任管理職，卻總是對別人說：「我的薪水很少」，這豈不是自打嘴巴？這和向別人炫耀自己能力不足沒有什麼兩樣。

那麼究竟該如何提升自己的能力呢？讓我們接著往下看。

【學習三原則之一】從工作中學習

說明能力、理解能力、分析力、計畫籌劃力、判斷力、決斷力、行動力，這些都是在職場工作時不可或缺的能力，而這些技能當然能藉著工作機會有效學習。

一天既然有八小時都被綁在公司裡，不如利用這個機會好好學習。這比在家閱讀商業書籍更為實際，還能一邊學習，一邊為公司做出貢獻。

有人曾說過：**「公司是一個能賺錢又能學習的地方。」指的正是這個意思**。更進一步來說，**能推就推和積極工作的態度，兩者所造就的工作能力會有極大差距。**

舉例來說，對於每間公司來說，客戶投訴都是不可避免的，舉凡品質、交貨時間、服務，都要面對客戶的抱怨。有不少人一面對客戶投訴就急著想快點脫身，心中想著最好由其他人來負責此事。比起問題主管，自己更不想面對這種情況。

但此時不妨思考一下，應付客訴是磨練自己最好的機會。一旦發生客訴，就必須盡快掌握對方情況，思考解決問題的方案，同時立即向主管和相關人員報告、調查或做出必要的指示，以最快的速度應對客戶，有時還必須視情況馬上動身前往現場。

公司面對客訴時一定要有人出面處理，在這種情況下，不要逃避，自己主動承擔責任是最好的處理方式。面對誰都不願處理的「三遊間滾地球」時，應該主動積極處理。

許多人都不擅長解決問題，想要學會這種能力，應付客訴是最佳的學習機會。

想要在上班時間內學習到工作能力，就是要勇於面對問題、別驚慌失措、盡自己最大努力來解決問題。過程中當然要向主管和公司報告，請求必要的指示、取得許可。

別忘了利用工作時間來提升自己的工作效率。

【學習三原則之二】

向他人學習

有很多事都能從別人身上學到。**要如何有效地從別人身上學習呢？我建議不妨從尋找自己的心靈導師開始。**心靈導師是「工作或人生中給予建議和教導的人」，也就是我們「想要學習的榜樣」。但世上沒有十全十美的人，**只要抱持學習此人優點的心態即可。**

這個人可以是同公司的前輩，也可以是你直屬主管或其他部門的主管，只要是**和自己工作相關的人**，再從中找出尊敬且值得學習的榜樣就好。

找到這個人以後，**仔細觀察他的一舉一動**。比方觀察他在會議中如何發言，用什麼方式應對客戶電話，用何種態度對待主管和下屬，緊急時刻會採取什麼樣的行動等等，然後試著**模仿**。在日本，據說「學習」一詞的語源就是來自於「模仿」，模仿行為是透過學習而來的。

我人生中的第二位心靈導師，在接電話時會完整報上自己的名字，例如：「您好，我是〇〇公司的××」，我想大部分的人都不會這麼做。他在開會時的發言簡潔明快，遇到不懂的事會說「是我不夠認真」，絕不會以「忙不過來」為藉口，而是以「自己能力不夠才忙得暈頭轉向」來交代。我也按照這個方式依樣畫葫蘆，模仿起來毫不費力。

這位心靈導師總會在胸前的口袋佩戴口袋飾巾，我也跟著他一起佩戴，領帶也選擇和他類似的花紋，經常偷看他的筆記，用同樣的方式做記錄，就連放名片的資料夾也一模一樣。

在公司走道上擦身而過時，我會找一些事情向對方請教，有時則會問他：「要不要一起去吃午飯？」後來他開始會主動找我去喝一杯。

被當成心靈導師、受到他人尊敬，這些多半都是深知為人處世之道的人，如果菜鳥有機會和他們去喝一杯，千萬別放過這個大好機會。

這裡有一件事要拜託各位，若自己曾經受過心靈導師的照顧，**將來也要以心靈導師的身分照顧後輩，讓自己成為「薪火相傳」的前輩之一。**

雖然想要過著有效率的生活，但人類無法獨自一人生存。只想著自己過有效率的生活，這樣的人生不值得一提。

【學習三原則之三】從書中學習

「成功企業家或了不起的人，多半都喜歡閱讀」是我一貫的主張。我認為喜歡透過閱讀學習知識的人，能夠受到所有人的敬重，成為眾人的榜樣。

大部分的人都以為閱讀需要花費不少時間，但其實這是得到收穫最有效率的方法。一本書裡凝聚了偉人和前人歷經千辛萬苦才得到的感想，能讓我們模擬體驗自己未曾經歷過的事情。

例如我們可以從松下幸之助或本田宗一郎的書，一窺這些成功企業家的想法、經歷和策略；也能從被許多企業家奉為大師的彼得・杜拉克的著作中了解他的主張；就連至今仍受到尊敬的孔子和孟子等古今中外的偉人，我們也能透過書籍來了解他們的想法和生活方式。

這種方式**不必付出昂貴成本**。單行本頂多約一五〇〇日圓（約等於新台幣四五〇元），就算是小型叢書，定價也不到一千日圓（約等於新台幣三百元），如果從一本書中能學到十件事，那麼在單行本學到的每件事只要一五〇日圓（約等於新台幣四十五元）的成本。如果自己能充分掌握這些知識，將其運用在工作上，就能創造出百倍、千倍的價值。除了工作，從書中學到的知識也能應用在私人領域上。

自我啟發、商業書、歷史故事（歷史小說也可以）、偉人傳記等，這些類型的書籍都能為工作帶來幫助。

想要提高工作效率，商業書是最適合的選擇。商業書能有系統地說明各種事物。雖然「OJT」（On the Job Training，指透過現場環境學習工作實務的訓練）的訓練方式確實能帶來深刻的印象，但OJT未必能涵蓋全部工作流程。閱讀商業書時，不能只是按照頁次依序閱讀，而是**要和自己平時接觸的工作一面比較、一面反覆閱讀。**

小說類我推薦司馬遼太郎的《坂上之雲》（坂の上の雲）和《龍馬行》（竜馬がゆく）（皆為文春文庫出版），這兩本都是**描寫年輕人積極面對時代變遷的小說，能夠幫**

助我們提升自己的處世能力。賽珍珠的著作《大地》（*The Good Earth Trilogy*），是我的前輩大力推薦的好書，書中描述主角在戰亂年代拚命擺脫窮困生活，其生存之道相當值得我們借鏡。

提升工作能力固然重要，但一位受到尊敬的領袖人物，必須具備幽默、開朗、堅定、寬容等右腦型人格的魅力，也就是要懂得處世之道。

話說回來，我自己過去並不擅長閱讀，不如說，對於閱讀這件事並不積極。直到三十八歲遇見人生第三位心靈導師以後，在他的建議下，才開啟我對閱讀的興趣。

這件事發生在我即將轉調美國的前兩個月。他將厚厚一疊的十本書擺在我的桌上，告訴我：「出發前把這些書唸完。」當時觸目所及，都是企管、資訊產業專業、自我啟發等類型的書。說來慚愧，從前的我只是憑藉一股衝勁在工作，這時才開始了解到閱讀的重要性。我發現這些書裡包含了邏輯、條理、思考方式，從此以後，書店就成了我的尋寶處。

閱讀書籍是自我投資，也是提升自我的「指引明燈」。

但是，人在閱讀後往往很快就會將讀過的內容「拋到九霄雲外」，就算在閱讀的當下對自己的想法產生影響，記憶也會隨著時間逐漸淡去。

書是用來提升自我的「指引明燈」，**有助於自我成長的章節，需要不斷重覆閱讀。**

像是商業書或自我啟發書，這類書籍不妨當成學生時代的參考書來閱讀，自己沒有做到或是從書中學到的知識，可圈起來或畫線來做記號，在書中寫下簡單的註解，加上折書角、夾書籤等方式，方便日後重點閱讀。

以我自身為例，我會在書裡面寫下「嗯」「哦」「YES」「原來如此」等，無法認同的部分則寫下「騙人的吧」「真的假的」「誇張」等，以自己看得懂的文字為主，將來回頭閱讀時，寫註解的方式，比起單純畫重點，更能讓我回想起自己過去的看法。

重要的是，閱讀時要對照書本內容，看看自己的想法和行為有何不同，**有時就算產生疑問或無法認同也不要緊**，不如說，在閱讀過程中必須仔細檢視自己的意見和想法。

舉例來說，如果閱讀一本名叫《成為第一名》的書，會讓你立刻覺得幹勁十足，接著又閱讀一本名叫《信奉老二哲學》的書，反而讓你厭惡競爭，這樣豈不是讓人懷疑自己的態度搖擺不定？有些書能夠完全認同，有些則令人無法苟同，有些則是部分不認同，從這層意義上來看，**每句話都能獲得認同的書籍其實少之又少。**

大量折書角或夾書籤的書，代表有許多新知識或自己沒有做到的部分，也代表這是本對自己有幫助的書，這類書籍最好擺在書架最顯眼的地方，一有空就不斷重覆閱讀。

重新閱讀時，只要翻開折角的部分閱讀即可。重新閱讀的樂趣，在於可以發現自己（至少就我而言）一直無法改進的缺點，過去在書中留下的印記，正好說明了這點。

人生時間有限，能閱讀到的書籍數量也相當有限。

光在日本，每年大約就有八萬本新書出版，大型書店每天都有約兩百本新書送達，其中更有許多店員開箱後看都不看一眼就退回給出版社的書。受限於賣場面積，書店不可能展示所有書，也沒有人能在一年內閱讀八萬本書。就連圖書館裡也還有堆積如山的書，等著我們去挖掘。換言之，我們無論如何都無法在有限的生命裡讀完所有書。

所以才有人說「挑選好書閱讀」，幕末儒學學者佐藤一齋也曾說過要閱讀好書。

日本人往往會受到新事物所吸引，新書多半會占據書店內很大空間，在不知不覺中變得愈來愈多。德國哲學家阿圖爾・叔本華也曾提到，西方人也有偏好新書的傾向。

在所有新書中只有好書和暢銷書能流傳後世，譬如佐藤一齋的《言志四錄》、福澤諭吉的《勸學》（学問のすゝめ）、新渡戶稻造的《武士道》、內村鑑三的《代表的日本人：深植日本人心的精神思想》（*Representative Men of Japan*）等等，都是家喻戶曉的名著，大部分都有翻譯成現代人看得懂的白話譯本。

要從裡面挑出一本值得商務人士學習的書，一點也不困難，而且閱讀白話譯本反而更有效率。

每當我問朋友：「讀過《勸學》嗎？」得到的答案多半是：「買好了。」我再追問：「不，我是問你讀過了嗎。」對方回答：「買來還沒讀過。」後來才知道原來對方買的是原文書。對方似乎是因為先看到白話文版，但還是想試試直接挑戰原文書的緣故，加上福澤諭吉自己也說要閱讀優美的文章。

對善於閱讀的學者或教授來說，原文書或許是不錯的選擇，但如果一開始便挑選超出自己閱讀能力範圍的書，反而會變成「僅供觀賞」的裝飾品。

艱澀難懂的書籍未必是好書，**有不少改編成給兒童閱讀的漫畫也很有意義**。我每次到其他城市，都會購買一些適合小學生閱讀的書籍，在這類書中多半都會明確寫到，這本書是在本地專家充分查證下，寫成適合小學生閱讀的簡單文章。這種程度的內容就足以讓商務人士吸收到相當有用的知識。

別被奇特的標題或是書評所迷惑，在節目或新聞廣告中大肆宣傳的做法也很有問題。更不用說，所謂暢銷書未必是好書。

我認為只要是喜歡閱讀的前輩和朋友所推薦的，都稱得上是好書。以我定期舉辦的「世田谷商業塾」和「石橋讀書會」等免費讀書會為例，**參加這類讀書會也是認識好書的最佳機會**。

讓我們從書中學習，不斷精進自我吧。

把壓力當作人生的調味料

有句話忘了是從哪裡聽到的，有人說：「適度的壓力就像人生的調味料。」如果灑了太多胡椒或辣椒等調味料，一道菜就會變得難以下嚥，然而沒有調味料的料理，嘗起來也是平淡無味。

問題主管確實令人困擾，但我們無法直接解決這個煩惱，倒不如**不要將這些事情視**

為「壓力」，改從「加入若干的調味料也無妨」的角度來思考比較好。

自從我接受這個觀念之後，壓力幾乎就消失無蹤（也可能是我比較遲鈍）。我一直在想，如果能早點知道這句話的含義，或許就能減少被問題主管氣得半死的次數。下面推薦幾本好書給各位。

新渡戶稻造畢業於札幌農學校（現在的北海道大學），終身懷抱著「想成為美日兩國橋樑」的信念，後來成為舊五千日圓紙鈔的幣面人物。他的著作《突破逆境之人》（逆境を越えてゆく者へ），正如書名所示，是一本教人如何突破逆境的名著。

如果你正為問題主管所困擾，精神上幾近崩潰，不妨參考這本教導人克服逆境的書。

遠離壓力固然很重要，但把這些當作磨練自己、為組織做出貢獻的工作也不壞。就算不是為問題主管，只要對組織有幫助，也能獲得顧客或是其他人的認可。

因為主管很糟糕而進行無意義的爭吵，這絕對不是個好辦法，**就算沒有獲得這種主管的認可也無所謂。為了推動業務，提供必要的報告和諮詢固然重要，但千萬不要意氣**

用事。

坦然說出煩惱和失敗

如果情緒仍然持續低落該怎麼做呢？

世上沒有毫無煩惱和不曾經歷過失敗的人，每個人都曾有過為某件事煩惱的經驗，甚至面臨無數次的失敗。

然而有許多人不願意分享自己的煩惱，也不想告訴別人自己的失敗，就連我也一樣。在三十歲以前，我的西裝外仍穿著厚厚的鎧甲。

事實上，難以向他人啟齒、對他人噤聲不語，才是讓我煩惱的真正原因，所以我認為平時就應該要養成揭露自己煩惱和失敗的習慣。揭露自己，就是告訴他人自己的弱點和做得不好的地方，或許你以為只有自己正在獨自面對煩惱或失敗，並且當成是一件很丟臉的事，但實際上，世上也有許多人正面臨著相似的煩惱，所以我們應該坦然揭露自己的弱點。

如此一來就能**一口氣拉近和對方的距離，這也是一種建立信賴關係的好辦法。**平時向周圍的人或熟人坦言工作上的煩惱，久而久之就能隨時找到人諮詢。

即便如此，或許仍然無法讓心情好轉，這時就要記住下列幾項內容。

我的心靈導師告訴我，無法拋卻煩惱時，要牢記兩句話。

「沒有不迎來曙光的夜晚」

「天亮前是最黑暗的時刻」

每當我遇到困難，就會不斷提醒自己這兩句話，各位感到艱辛時，也請想想這兩句話。

如果煩惱自己的工作表現沒有獲得讚賞，那麼就**想起「你的努力一定有人看見」這句話**。我在二十幾歲時曾因工作而煩惱不已，當時身旁的前輩們都以「你的努力一定有人看見」來勉勵我。

若認為自己從事的工作很簡單，就回想一下阪急電鐵創辦人小林一三所說的這番話：

「就算是下足番（※幫客人整理鞋子的人），也要成為日本第一的下足番，如此一來就沒有人會將你當成下足番使喚。」

這句話的意思是，**即便微不足道，我們也要認真面對眼前的工作，如果能將事情做好，就一定會有更上一層樓的機會。**

如果這樣還是無法平復心情，不妨參考一下畑村洋太郎的著作《回復力：從失敗中復活》（回復力～失敗からの復活）。即使面對失敗，也能讓精神隨著時間過去慢慢恢復，這是一本以振奮精神為主題的書。

無論怎麼做，若心情仍盪到谷底，也可以到神社寺院參拜，尋求心靈上的慰藉。

了解以上這些方法後，我想至少在工作上應該不會再出現情緒低落的情況。

提升工作熱情，邁向更高的目標

縱使有問題主管，也不關我們的事，**該如何在自己工作上維持高度熱情，遠比這件事來得重要。只要提升工作熱情，就能降低問題主管對你的注意，工作起來也能更得心應手，好處不勝枚舉。**

首先要了解公司方針（理念、價值觀、行動規範等），充分認識部門目標，擁有明確的自我目標。目標一旦明確，就會清楚自己的精力該放在哪些事情上，果決地朝目標前進。

設定自我目標時（自我目標管理制度），千萬別忘了讓自己的目標和公司、部門方針保持一致，**將自我目標訂得略高於自己能力**。目標訂得過低會讓人失去工作動力，訂得過高又會變成「遙不可及的夢想」，反而會澆熄滿腔熱情。

達成目標時，滿足感和成就感會形成最大的工作動力。倘若目標不甚明確，便幾乎無法獲得滿足感和成就感。

還有，要**充分了解自己的角色**。一旦角色和業務分工不明確，不僅無法確認工作是否充分發揮成效，甚至有可能浪費多餘時間在無意義的事情上。

假使不清楚自己的角色，一定要在會議中，當著主管頂頭上司的面，提出要求，明確業務分工。這不只是對你自己，對部門所有人來說都很重要，提出要求並非什麼壞事。

棒球選手在比賽的時候，不會一上場就準備來一發全壘打，而是以安打為優先選項。與其挑戰遙不可及的偉大目標，不如先打出一支簡單的一壘安打。不斷累積安打次數，有助提升成就感和滿足感。一年打出十二支安打和一年只打出一支全壘打，打者在兩種情況下感到喜悅的次數也無法相提並論。

為周遭同伴、公司、顧客著想，也有助提升工作熱情。只站在自己角度思考的「利己」行為，不僅達到的目標十分渺小，完成時也無法獲得多大的滿足感。

相反地，**站在別人的角度思考，秉持帶給他人幸福的「利他主義」，只要胸懷遠大志向，就能獲得無比的成就感**。當然，其他人也會為你的工作態度和成果感到開心。

雖然這或許和本書前面的內容自相矛盾了，但最後要提醒各位一句話，那就是要**注意工作上別努力過頭**。因為一旦拚命過頭卻不斷失敗，反而會帶來嚴重的挫折感。就算不幸沒有達成目標，下個年度一定還有其他機會，因為自己會隨著時間逐漸成長，所以在從事相同的工作內容時，能夠比從前更加得心應手。別將自己逼得太緊，下次一定能順利完成！只要心中常保這股熱情便足夠。

上下一心，共同創造成果，一起共享滿足感和成就感，這就是最理想的工作狀態。

商務人士的幸福三要件

我總是不斷思考著要如何為商務人士帶來幸福感。在詢問過許多前輩和後輩的意見之後，我開始閱讀前人和企業家的書，試圖從中了解一二。「人花在工作上的時間最久，要如何營造幸福工作環境」，這是喜利得公司的理念。法國哲學家阿蘭也不斷在追尋人類理想的生活方式，這些都值得我們作為參考。而在日本有推崇陽明學的中江藤樹和佐藤一齋，明治時代之後有福澤諭吉、澀澤榮一、本多靜六、武者小路實篤、小林一三等人可供借鏡。

最後做個總結。只要記住下列三點，就能成為一名幸福的商務人士。

1、胸懷遠大志向

胸懷遠大志向，就能在工作和生活中獲得極高的滿足感和成就感。前面已經提過志向的重要性，這裡便不再贅述。

2、主動出擊

為了提升自我，無論是學習或是和各種不同人進行交流，都要自己主動出擊。

例如**在工作時，每天都為了新的業務慢慢累積經驗，總有一天一定會為新的業務帶來幫助**，這就是「一分耕耘，一分收穫」，我們每天都要為了新的業務不斷耕耘，如果有心，也能利用短短的五分鐘打一通電話。就像種稻，沒人知道幾個月後是否能開花結果，有時過了一年半載，也沒有任何收穫，然而只要堅持下去，總有一天一定能夠敲開新業務的大門。

盡可能和沒有利害關係的外部人士會面也很重要。面對不認識的人需要鼓起勇氣，但我們仍要主動出擊，無論是參加酒宴或讀書會都無妨。

和不同類型的人相處，可以了解其他人的生活方式和辛苦之處，反而能幫助自己走出煩惱，從而獲得幸福感。

遇到一本好書時，不妨告訴作者你的閱讀感想（請出版社代為轉達），一般都能得到些許答覆。每當有人透過臉書傳訊息告訴我「拜讀過您的著作」，我都會回應對方。

就算時間上有衝突，我也會抽出一點時間給對方。別嫌麻煩，主動往前踏出第一步，能夠做的事超乎你的想像。

3、凡事都要有自己的想法

阿蘭有句話說：「今天的天氣是好是壞，完全取決在自己。」

對某些人來說晴天是不錯的天氣，但有些人卻可能喜歡陰天；對農家而言，雨天也許比較受到歡迎。天氣的好壞，全憑一己之念。

長州藩的高杉晉作，有首相當著名的辭世句。

「讓無趣的世界變得有趣，使心境安穩者，唯心而已」（後半段似乎是女詩人野村望東尼加上去的）

唯有自己的想法可以左右世間事物的有趣程度，這和阿蘭的看法不謀而合。**眼前的工作是辛苦或有趣，端看自己如何看待它。**

只要牢記以上三點，我相信各位一定能成為一位幸福的商務人士。

後記

本書所介紹的內容，除了有面對問題主管的應對之道，還有透過提升自我的方式，讓自己免於受到問題主管的攻擊。此外，除了保護自己，有時進行反擊也相當重要。更重要的是，提升自己的實力，讓問題主管挑不出毛病。

在殘酷的現實社會中，無論是在哪間公司、哪個時代，問題主管都無所不在。不幸的是，具備卓越工作能力（左腦能力）、深知待人處世之道（右腦能力），如超人般無所不能的主管卻少之又少。

我在海外工作的三年間，相當有幸能和優秀的主管和下屬共事。

我當時的主管是一位相當能幹的人才，不僅深受頂頭上司信賴，懂得拿捏分寸，對下屬來說也是不可多得的領導人。此外，他的高爾夫打得不錯，唱歌也很拿手，這樣的人當然很受客戶歡迎。

在我手下工作的兩名下屬，不但能力出色、腦筋也很靈敏、善於察言觀色，簡直是無可挑剔。他們兩人都能在短時間內完成自己的工作，也會源源不絕提出新方案，就算在酒宴中，彼此也相處愉快。

在我三十多年的職場生涯中，找不到比這更幸福的時刻。同時受到完美無缺的主管和下屬眷顧的美好時光，沒有比這更令人快樂的工作環境，堪稱是至高無上的幸福。

某一天，我們幾個人在白天花了很長的時間開會，晚上又一起聚餐、一起歡唱，隔天繼續開會討論。可能是當天有些宿醉，我和其他三人馬不停蹄地進行討論，忽然發覺自己完全在狀況外。

「咦？現在討論到哪裡了？我完全聽不懂……」

回過神來才發現，我的主管和下屬已將話題帶到很遠的地方，只有我自己「仍留在原處」。

我大吃一驚，心想：

「咦？我竟然連這種事都不明白？」

我對自己的表現充滿疑問。

「或許我的主管覺得我是離譜的下屬，而我的下屬則認為我是差勁的主管……」腦中出現這種想法之後，我完全聽不進當下的討論，心裡充滿了「自己是否太差勁」的疑問。

後來我因此陷入了一段低潮期。原來夾在優秀的主管和下屬中間是這麼辛苦的一件事。

然而，我看到了其他部門有名的遲鈍主管後，開始認為「別奢望主管十全十美，雖然有若干缺點但也能接受」，後來又看見其他部門以光說不練著稱的難搞年輕主管，讓我覺得自己的差勁表現似乎也沒什麼大不了。

問題主管的言行不易改變，面對問題主管時，千萬別一時氣昏頭，不如淡然處理、一笑置之。有那個煩惱的時間，不如拿來思考如何提升自我，為組織做出貢獻。

Note

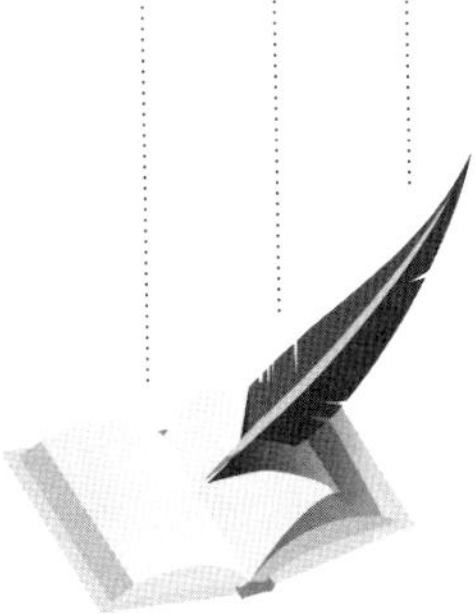

Note

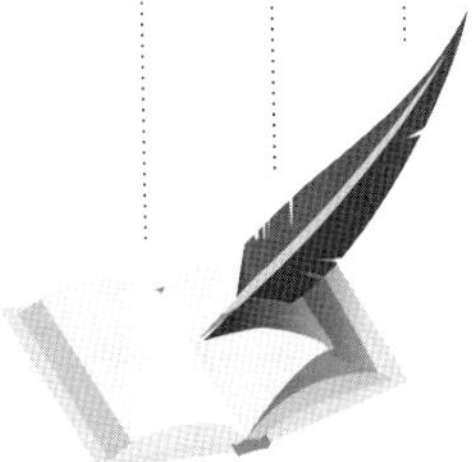

國家圖書館出版品預行編目（CIP）資料

笨蛋主管使用手冊：擺平難搞主管,上班再也不委屈／古川裕倫作；徐鴻銘譯. -- 初版. -- 新北市：智富, 2020.1
面；　公分. --（風向；106）
ISBN 978-986-96578-6-0（平裝）

1.職場成功法　2.人際關係

494.35　　108015902

風向 106

主管是笨蛋！
擺平難搞主管，上班再也不委屈

作　　者／古川裕倫
譯　　者／徐鴻銘
主　　編／楊鈺儀
特約編輯／陳墨南
封面設計／ LEE
出 版 者／智富出版有限公司
電　　話／（02）2218-3277
傳　　真／（02）2218-3239（訂書專線）・（02）2218-7539
劃撥帳號／ 19816716
戶　　名／智富出版有限公司
世茂網站／ www.coolbooks.com.tw
排版製版／辰皓國際出版製作有限公司
印　　刷／世和印製企業有限公司
初版一刷／ 2020 年 1 月

I S B N ／ 978-986-96578-6-0
定　　價／ 300 元